DIE STÄRKSTEN TRAKTOREN

MODELLE AUS SIEBEN JAHRZEHNTEN

IMPRESSUM

HEEL Verlag GmbH
Gut Pottscheidt
53639 Königswinter
Telefon 0 22 23 / 92 30-0
Telefax 0 22 23 / 92 30 26
Mail: info@heel-verlag.de
Internet: www.heel-verlag.de

Verantwortlich für den Inhalt/Redaktion:
Udo Paulitz

Lektorat:
Jost Neßhöver

Fotonachweis:
Udo Paulitz
AGCO, Argo, Case New Holland, Claas, John Deere, Same Deutz-Fahr, Valtra, Joost J. Bakker, Robert Baxner, Kuhn

Titelfoto: Agco
Der bis zu 300.000 Euro teure Fendt 939 Vario erreicht dank seines 360 PS starken 7,8-Liter-Sechszylindertriebwerks eine Höchstgeschwindigkeit von 60 km/h. Der hochmoderne Allradschlepper ist das Spitzenmodell der Serie 900 des Marktoberdorfer Traditionsunternehmens.

Lithographie, Satz und Gestaltung:
Stefan Witterhold, HEEL Verlag

Printed in Slovakia

ISBN: 978-3-86852-616-5

DIE STÄRKSTEN TRAKTOREN

MODELLE AUS SIEBEN JAHRZEHNTEN

Udo Paulitz

HEEL

4840
MF

INHALTSVERZEICHNIS

ARES
CLAAS
CLAAS

VORWORT

Zu diesem Buch

Die stärksten Traktormodelle der vergangenen sechs Jahrzehnte – wie sahen sie aus, welche Größe und welche Leistung hatten sie? Welche technischen Merkmale und Besonderheiten zeichneten sie aus und wer hat sie gebaut? Wo kamen sie zum Einsatz? Diese und viele weitere Fragen beantwortet das vorliegende Werk.

Schon seit jeher hat die Motorleistung eines Ackerschleppers eine besondere Rolle gespielt. Ein stärkeres Fahrzeug vermag schweres Gerät besser über den Acker zu ziehen. Es kann die Feldarbeit in der Regel schneller und gründlicher verrichten und ist ungünstigen Witterungs- und Bodenverhältnissen meist besser gewachsen als ein schwächeres Modell. Hinzu kommen zahlreiche andere Gründe, die für den Bau leistungsstärkerer Modelle bestimmend waren. Mal musste ein starker Traktor her, um die Angebotspalette eines Herstellers nach oben abzurunden, denn lange Zeit versuchten selbst kleine Produzenten in möglichst allen Leistungsklassen präsent zu sein. Nicht selten aber fungierten diese Fahrzeuge als Renommierobjekt und Aushängeschild. So sollte ein starker Schlepper die Leistungsfähigkeit des Traktorherstellers zum Ausdruck bringen. Deshalb waren nahezu alle wichtigen Anbieter bestrebt, zumindest mit einem speziell für Großbetriebe, Exportzwecke oder wenigstens als Imageträger geeigneten ganz großen Traktormodell aufzuwarten. Es waren beileibe nicht nur die Großen der Branche, die sich an der PS-Jagd beteiligten. Auffallend viele kleine oder gar kleinste Hersteller waren darunter, von denen derartige Fahrzeuge eigentlich am wenigsten erwarten wurden.

Wirtschaftlich und gewinnbringend waren solche Projekte eher selten. Preis und Baugröße schränkten die Zielgruppe und somit die zu fertigenden Stückzahlen erheblich ein. Die meisten Fahrzeuge fanden im Export Abnehmer. Nicht wenige Modelle erreichten einen nur geringen Verbreitungsgrad, von manchen wurde kaum mehr als ein Prototyp gefertigt. Zumindest traf dies auf die Epoche bis etwa Mitte der 1960er Jahre zu. Die Zeit war eben noch nicht reif für Baugrößen, die man nach heutigen Begriffen zu den Großtraktoren zählen würde.

Beim Streifzug durch die Jahrzehnte lässt sich feststellen, dass Leistung und Größe der Traktoren beständig wuchsen. Folglich änderte sich auch der Maßstab für das, was man einen wirklich großen Schlepper nennt. Zählte noch in den frühen 1950er Jahren ein 35-PS-Traktor eindeutig zur oberen Leistungsklasse, repräsentierte er zehn Jahre später nur noch das Mittelfeld. Neue und stärkere Anbau- und Zapfwellengeräte erforderten immer höhere Schlepperleistungen. Die kleinen Höfe verschwanden, die Felder wurden größer, was wiederum den Einsatz größerer Maschinen notwendig machte. Die weitere Entwicklung bestimmte vor allem der Allradantrieb, der spätestens seit Mitte der 1970er Jahre bei Motorleistungen um die 100 PS als unabdingbar angesehen wurde.

Die heutige Durchschnittsleistung eines Traktors in Deutschland liegt bei etwa 130 PS. In Großbetrieben sind gar Maschinen mit 300 PS und mehr keine Seltenheit. Ob mit diesen Baugrößen das Ende der Fahnenstange erreicht ist, wird die Zukunft zeigen.

Verlag und Autor wünschen Ihnen viel Vergnügen beim Streifzug durch die Welt der großen Traktoren.

Udo Paulitz, Duisburg 2012

Kapitel 1 (1945–1955)

Starke Schlepper in Zeiten des Traktorbooms

Bis zum Beginn des Zweiten Weltkrieges hatte die Traktorentwicklung in Deutschland bereits ein ziemlich hohes Niveau erreicht. Bis dahin hatte sich die Mechanisierung der Landwirtschaft hauptsächlich in größeren Betrieben durchsetzen können und befand sich auf kleinen Höfen meist noch im Anfangsstadium. Seit Mitte der 1930er Jahre jedoch intensivierte der Staat den Druck auf die Hersteller, spezielle Bauernschlepper für kleine Höfe zu entwickeln. Der Krieg bereitete diesen Bemühungen bald ein Ende. Allerdings nur vorübergehend – die einmal eingeschlagene Richtung sollte er nicht ändern.

Nach Kriegsende galt es zunächst, in dem in vier Besatzungszonen geteilten Deutschland die Versorgung durch gesteigerten landwirtschaftlichen Anbau zu verbessern, denn alle Menschen brauchten Nahrung. Dies im Westen auf verhältnismäßig kleiner Fläche, weil große landwirtschaftlich genutzte Areale im sowjetisch besetzten Osten lagen. Mit Ochsen- und Pferdegespannen – die im Übrigen nach dem Krieg auch nicht in ausreichender Zahl zur Verfügung standen – ließ sich die Aufgabe nicht erfüllen. Das bedeutete, dass neben Landmaschinen schnellstmöglich eine große Zahl von Ackerschleppern gebaut werden musste.

Vor der Währungsreform im Westen kam die durch Trümmer, Materialknappheit, Mangel an Werkzeugen und Betriebsmitteln stark behinderte Landtechnikindustrie nur sehr zögerlich in Gang. Unmittelbar nach Einführung der neuen Deutschen Mark 1948 ging es mit der Traktorproduktion aber schnell wieder bergauf. Es setzte eine stürmische Nachfrage ein, der Bedarf an Ackerschleppern war ungeheuer groß.

Zu den bekannten Anbietern aus der Vorkriegszeit wie den drei großen, Lanz, Deutz und Hanomag, kamen kleinere wie Fendt, Fahr, Güldner, Hermann Lanz, MAN, Ritscher, Schlüter und Kramer. Außerdem gab es viele neue Namen: Allgaier, Bautz, Bischoff, Hatz, Holder, Röhr, Sulzer und Wesseler, um nur einige zu nennen. Viele waren kleine Betriebe, manche gar Branchenneulinge ohne jede Markterfahrung. Zeitweise bestand der westdeutsche Traktorenmarkt aus mehr als 60 Anbietern – ein Großteil davon allerdings nur mit regionaler Bedeutung. Es war das Zeitalter des Konfektionsschlepperbaus, bei dem in erster Linie Kleinhersteller mangels eigener Fabrikationsmöglichkeiten nahezu alle wichtigen Bauteile eines Traktors, Motoren, Achsen, Getriebe, Kühler und Lenkungen, von Fremdfirmen einkauften. Diese Teile mussten dann mehr oder weniger nur noch angepasst und montiert werden. Ein individuell gestaltetes Kühlerschutzgitter mit Firmenemblem machte den Schlepper dann zum eigenen Produkt. Durch den starken Konkurrenzkampf der Hersteller untereinander, dem viele der kleinen, meist wenig finanzkräftigen Betriebe auf Dauer nicht gewachsen waren, kam es schon bald zu einer ersten Auslese.

Zu Beginn der 1950er Jahre setzte im Agrarbereich eine nie für möglich gehaltene Nachfrage ein. Die Mechanisierung der bäuerlichen Betriebe machte große Fortschritte, und der Markt für Ackerschlepper schien uneingeschränkt aufnahmefähig. Der preiswerte Kleinschlepper mit einer Motorleistung um die 15 PS war der uneingeschränkte Favorit. Er leitete die Motorisierung der zahllosen Klein- und Nebenerwerbsbetriebe, die bisher auf Zugtiere angewiesen waren, endgültig in die Wege. In diesen Jahren wurden Zulassungszahlen erreicht, die in der Geschichte des deutschen Traktorenbaus mit Sicherheit nie wieder erreicht werden. Unangefochten an der Spitze liegt das Jahr 1955 mit genau 99.341 in der Bundesrepublik neu zugelassenen Traktoren.

In dieser ersten Nachkriegsdekade kann man folgende grobe Leistungseinteilung der Traktoren vornehmen: Die Klasse zwischen 12 und 16 PS kam in der Regel auf kleinen Bauernhöfen oder auf kleinparzellierten Nebenerwerbsbetrieben, aber auch als Zweit- und Pflegeschlepper auf größeren Höfen zum Einsatz. Die Gruppe von 18 bis 25 PS war überwiegend für mittlere Betriebe die bevorzugte Größe. Fahrzeuge von 28 bis 35 PS konnte man bereits auf kleineren Großbetrieben mit Erfolg einsetzen. Was noch größer war, blieb eindeutig den Großbetrieben vorbehalten. Ausgewiesene Großschlepper mit Motorleistungen von mehr als 45 PS waren selten. Der Spitzenreiter waren die Deutz-Werke mit dem großen Vierzylinder F 4 L 514, der aber auch größtenteils in den Export ging.

Deutz-Dieselschlepper F 4 L 514

Das leistungsstärkste Spitzenmodell innerhalb der neuen luftgekühlten Deutz-Baukastenreihe wurde 1951 vorgestellt. Der 60 PS starke Vierzylinderschlepper wurde unter der Typenbezeichnung F 4 L 514 geführt. Es war ein von Größe und Preis her ausschließlich für große landwirtschaftliche Betriebe mit ausgedehnten Ackerflächen oder sehr ungünstigen Bodenverhältnissen respektive für den Forsteinsatz geeignetes Fahrzeug. Dieser große Halbrahmenschlepper war ein Muskelprotz mit enorm großer Zugkraft, der selbst vor schwersten Arbeitsbedingungen nicht zu kapitulieren brauchte.

DEUTZ
DEUTZ
GV
14-2

Deutz-Dieselschlepper F 4 L 514/4

Die Kölner Deutz-Werke hatten gegen Ende der 1940er Jahre einen als Schlepperantrieb geeigneten luftgekühlten Dieselmotor zur Serienreife entwickelt. Der ab April 1950 als erstes Modell in Serie gefertigte 15-PS-Schlepper F 1 L 514 stand am Anfang einer mit diesen neuen im Baukastensystem konstruierten Motoren ausgerüsteten Traktorreihe. Es handelte sich zunächst um Fahrzeuge mit 15, 28, 42 und 60 PS. Dieses sinnvoll abgestufte Programm, so hatte es die Verkaufsabteilung errechnet, sollte die Leistungswünsche der Kunden in mindestens 80 Prozent der Fälle erfüllen. Ab September 1952 wurde der große Vierzylinder-Halbrahmenschlepper F 4 L 514/4 mit 60 PS als krönender Abschluss der neuen Reihe herausgebracht. Es war schon ein gewaltiger Schlepper, der zur Zeit seines Erscheinens nicht nur das Flaggschiff unter den Radschleppern im Produktionsprogramm des Kölner Herstellers war. Er stand leistungsmäßig uneingeschränkt an der Spitze der damals auf dem westdeutschen Markt angebotenen Traktoren. Vor allem hatte er kaum einen Mitbewerber zu fürchten, denn nur ganz wenige, eher unbedeutende Konkurrenten und Außenseiter der Branche konnten mit diesem Boliden gleichziehen oder ihn leistungsmäßig gar übertrumpfen. Es bleibt festzuhalten, dass der F 4 L 514/4 der einzige in Großserie gefertigte Schlepper dieser Klasse war. Andererseits gab es für einen derart starken Ackergiganten zumindest in Westdeutschland damals wenig Bedarf. Der große Vierzylinder löste den konstruktiv noch aus der Vorkriegsära stammenden und somit mittlerweile in die Jahre gekommenen wassergekühlten F 3 M 417 ab. Zwar waren Motor und Getriebe miteinander verflanscht; der Traktor besaß aber kein Tunnelgehäuse oder eine mittragende Gussölwanne, sondern nur eine nichttragende Blechölwanne. Als tragendes Element diente daher ein aus zwei Längsträgern bestehender Halbrahmen. Die Vorderachse besaß zwei stabile Querblattfederpakete. Der neue Großschlepper war ungemein stark und konnte mit 3500 kg Zughakenkraft (mit Zusatzgewichten waren es gar 4170 kg) schwerste Arbeiten verrichten. Die sehr gute Gewichtsverteilung zwischen Vorder- und Hinterachslast erlaubte es, die große Motorleistung voll auszunutzen. Sechsscharige Pflüge, aber auch schwerste Zapfwellengeräte bedeuteten für ihn kein wirkliches Problem. Auch als Forstschlepper war dieses Fahrzeug mit entsprechender Sonderausrüstung in seinem Element. Verwendet wurde das ZF A 26-Schubradschaltgetriebe mit fünf Vorwärts- und zwei Rückwärtsgängen. Während das Standardgetriebe auf 20 km/h begrenzt war, ermöglichte eine schneller übersetze Bauausführung 26 km/h. Die fünf Grundgänge konnten durch zwei zusätzliche Kriechgänge ergänzt werden. Ein besonderes Konstruktionsmerkmal war die geteilte Motorhaube.

Bauzeit	1957
Motor-Bauart	Vierzylinder/Reihe
Hubraum in ccm	5322
Leistung (PS/min)	60/1650
Leergewicht in kg	3050
Antriebsart	Hinterrad
Getriebe	5/2

Röhr-Dieselschlepper 60 R Titan

Mehr als mutig war der kleine Landshuter Schlepperhersteller Röhr, als er zur Jahreswende 1953/54 die Fachwelt mit dem 60-PS-Großtraktor 60 R überraschte. Mit diesem ehrgeizigen Großschlepperprojekt, das man mit dem durchaus treffenden Beinamen „Titan" bedacht hatte, stieß der Hersteller in die seinerzeit allerhöchsten Leistungsgefilde vor. Vor allem, wenn man die Größe dieses mittelständischen Unternehmens berücksichtigt, das über eine mehr als regionale Bedeutung nie hinauskommen sollte. Mit dem Titan entstand einer der schwersten und spektakulärsten deutschen Radschlepper seiner Zeit. Es war ein Gigant, den der voluminöse 60 PS starke stehende Zweizylinder-Vorkammer-Diesel aus dem Hause MWM mit der Bezeichnung „RH S 18 Z" respektive „RHS 418 Z" fortbewegte. Das Antriebsaggregat erwies sich als überdurchschnittlich belastbar und konnte – wie Leistungstests bewiesen – kurzzeitig bis zu 65 PS zur Verfügung stellen. Das ZF A-26-Getriebe verfügte über fünf Vorwärtsgänge, konnte aber auf Wunsch und gegen Aufpreis um zwei Kriechgeschwindigkeiten und einen zweiten Rückwärtsgang erweitert werden. Der in nur etwa zwölf Einheiten gefertigte Schlepper besaß Einzelradlenkbremsen, eine Doppel-Querblattfeder-Vorderachse, Riemenscheibe und Zapfwelle. Als Sonderzubehör war ein hydraulischer Kraftheber lieferbar. Der 60 R war sehr solide ausgeführt und auch stärksten Belastungen gewachsen. Er war insbesondere für das Exportgeschäft, aber auch für den Forsteinsatz, für den eine starke Seilwinde geliefert werden konnte, konzipiert. Auf ebener und trockener Straße bereiteten ihm 30 Tonnen Anhängelast keine Mühe.

Bauzeit	1953–1957
Motor-Bauart	Zweizylinder/Reihe
Hubraum in ccm	5540
Leistung (PS/min)	60/1500
Leergewicht in kg	3300
Antriebsart	Hinterrad
Getriebe	5/1

Steyr-Dieselschlepper Typ 280

Das ab 1952 von den österreichischen Steyr-Werken angebotene Schleppermodell 280 war mit seinem 60 PS starken Dieselaggregat das damalige Spitzenmodell des Herstellers. Zugleich gehörte es aber auch europaweit zur absoluten Spitzengruppe aller auf dem Markt befindlichen schweren Schlepper. Werksseitig hatte man ihn nicht ganz unberechtigt als „König unter den Traktoren" angekündigt, und der mehr als drei Tonnen schwere Gigant hielt, was die Werbung versprach. Serienmäßig war der Typ 280 mit einem Schubradschaltgetriebe mit fünf Vorwärtsgängen und einem Rückwärtsgang bestückt. Auf Wunsch und gegen Aufpreis gab es sieben Vorwärtsgeschwindigkeiten. Für den Typ 280 – da als reiner Zugschlepper vorgesehen – gab es keinen hydraulischen Kraftheber. Dafür hatte er anstelle der serienmäßigen Getriebezapfwelle fast immer eine aufpreispflichtige Motorzapfwelle und Zweifachkupplung zum Ziehen schwerer Zapfwellengeräte, namentlich Mähdrescher und Vollerntemaschinen aller Art. Sein äußerst robuster Vierzylinder-Steyr-Diesel des Typs WD 413 t stammte aus dem Baukastensystem der so genannten „Großen Reihe". Der Typ 280 war ungeheuer leistungsstark, sodass diesem häufig exportierten Modell ein Fünfscharpflug absolut keine Mühe bereitete. Innerhalb von sechs Jahren entstanden immerhin 826 Maschinen. Diesem Fahrzeug war, allein schon angesichts von Größe und Anschaffungspreis, fast ausschließlich der Einsatz in Großbetrieben zur Bearbeitung größerer zusammenhängender Ackerflächen vorbehalten.

Bauzeit	1952–1957
Motor-Bauart	Vierzylinder/Reihe
Hubraum in ccm	5322
Leistung (PS/min)	60/1650
Leergewicht in kg	3100
Antriebsart	Hinterrad
Getriebe	5/1 oder 7/1

Bauzeit	1950–1955
Motor-Bauart	Einzylinder
Hubraum in ccm	10.338
Leistung (PS/min)	55/750
Leergewicht in kg	3950
Antriebsart	Hinterrad
Getriebe	6/2

Lanz Ackerluft-Bulldog 55 PS Typ HR 8, D 1506

Der seit 1937 angebotene 55-PS-Lanz-Bulldog D 1506 erlebte im Jahr 1950 eine Neuauflage und kam damit als letzte Zehn-Liter-Maschine nahezu unverändert wieder ins Nachkriegs-Bauprogramm. Das neu aufgelegte Fahrzeug besaß jetzt eine Anwerfscheibe und Einzelradlenkbremsen. Während mit dem Erscheinen der neuen Halbdiesel-Bulldog-Generation zwischen 1952 und 1954 für die meisten Glühkopfmaschinen das Produktionsende gekommen war, sah es beim 55-PS-Modell ganz anders aus. Das überaus robuste Fahrzeug erfreute sich nach wie vor derart großer Beliebtheit und Nachfrage, dass allein in den Jahren 1954 und 1955 ebenso viele Exemplare dieses Modells verkauft wurden wie Maschinen des Nachfolge-Typs. Im Oktober 1955 wurde die Fertigung des letzten großen Glühkopfbulldog schließlich eingestellt.

Bauzeit	1945–1954
Motor-Bauart	Einzylinder
Hubraum in ccm	10.338
Leistung (PS/min)	55/750
Leergewicht in kg	4540
Antriebsart	Hinterrad
Getriebe	5/1

Lanz Eilbulldog 55 PS Typ HR 9, D 2539

Mit dem neuen Lanz Eilbulldog, in Fachkreisen kurz „Eiler“ genannt, entstand nicht nur das markanteste Fahrzeug, sondern gleichzeitig auch das Flaggschiff der großen Lanz-Glühkopf-Modellreihe. Im Gegensatz zu heute, wo er zu den begehrtesten, meistgesuchten – und nebenher teuersten – Kultfahrzeugen der Treckerlandschaft gehört, hatte der schwere Glühkopf-Bulldog früher ganz andere, handfeste Aufgaben zu erfüllen. Die sehr leistungsstarke Maschine musste sich vor allem im Nahverkehr als Zugmaschine mit Straßentransporten aller Art ihr Brot verdienen. Der Betrieb mit zwei Anhängern war das klassische Bild des Eilers im Straßenverkehr bis weit in die 1950er Jahre. Im Juli 1950 lag sein Anschaffungspreis – je nach Ausstattung – zwischen 13.580,– und 15.630,– Mark. Heute kann ein sauber restauriertes Fahrzeug leicht das Doppelte kosten.

Bauzeit	1952–1957
Motor-Bauart	Vierzylinder/Reihe
Hubraum in ccm	5702
Leistung (PS/min)	55/1300
Leergewicht in kg	4420
Antriebsart	Hinterrad
Getriebe	5/1

Hanomag-Dieselschlepper R 55 ATK

Der ATK-Schwerlastschlepper gehörte zu den Radschleppern der Hanomag-Werke. Er fand nicht nur zum Schleppen von Großflugzeugen auf der Rollbahn und beim Rangieren in Hallen sein Betätigungsfeld, sondern auch in der Industrie wie beim Rangierbetrieb von Waggons mit der Spilleinrichtung auf Werksanschlussgleisen oder beim Befördern schwerer Lasten im Werksverkehr. Versuche hatten gezeigt, dass diese Maschinen Lasten bis zu 75 Tonnen bewegen konnten. Die ATK-Schlepper bewährten sich hervorragend und befanden sich teilweise noch Jahrzehnte nach dem Auslaufen der Fertigung im Einsatz. Hydraulische, auf die Antriebsräder wirkende Bremsen, eine Druckluftbremsanlage und eine 6-t-Seilwinde gehörten zur Sonderausstattung. Neben der Ausführung mit Benze-Plexiglashaube gab es eine offene Faltverdeck-Variante.

Bauzeit	1946–1950
Motor-Bauart	Vierzylinder/Reihe
Hubraum in ccm	3920
Leistung (PS/min)	55/1900
Leergewicht in kg	2120
Antriebsart	Hinterrad
Getriebe	4/1

Bührer-Dieselschlepper BD 4

Das 1946 vorgestellte Modell BD 4 der schweizerischen Bührer-Werke war das stärkste Fahrzeug innerhalb einer neuentwickelten, nach dem Baukastensystem konstruierten Traktorenbaureihe. Der BD 4 zählte damals zu den größten und stärksten Traktoren des mitteleuropäischen Raumes und eignete sich für schwerste Beanspruchungen in Landwirtschaft und Industrie. Die serienmäßig installierte Getriebezapfwelle besaß zwei Geschwindigkeiten und konnte unabhängig vom Mähapparat betrieben werden. Die Riemenscheibe wurde an der hinteren Zapfwelle angeschlossen. Das Viergangtriebwerk konnte durch ein Zusatzgetriebe auf acht Gangstufen aufgerüstet werden. Da die zulässige Maximalgeschwindigkeit für Traktoren damals auf 20 km/h begrenzt war, musste der größte Gang gesperrt werden.

Bauzeit	1945–1953
Motor-Bauart	Dreizylinder/Reihe
Hubraum in ccm	5768
Leistung (PS/min)	50/1350
Leergewicht in kg	4120
Antriebsart	Hinterrad
Getriebe	5/1

Deutz-Dieselschlepper F 3 M 417

Während zu Kriegszeiten nur noch wenige Einheiten des F 3 M 417 gefertigt wurden, kam es erst nach 1945 zum Bau größerer Stückzahlen. Bereits in der zweiten Jahreshälfte 1945 lief die Produktion des großen Dreizylinders wieder langsam an. Auch nach dem Erscheinen der luftgekühlten Fahrzeuge wurde die wassergekühlte Variante weiter verlangt und auch noch bis 1953 gebaut. Der F 3 M 417 war – wie alle übrigen Deutz-Traktoren dieser Epoche – ein sehr robustes Fahrzeug, das mit einem Minimum an Wartung und Pflege einsatzbereit gehalten werden konnte. Er besaß mit 2400 kg am Haken eine große Zugkraft und bewährte sich in allen Einsatzbereichen ausgezeichnet. Auf ebenem und festem Untergrund zog er bis zu 25 Tonnen mit 20 km/h Geschwindigkeit. Deshalb war er bei Arbeiten auf Äckern, Feldern und Straßen auf Jahre hinaus unverzichtbar.

Bauzeit	1951–1956
Motor-Bauart	Dreizylinder/Reihe
Hubraum in ccm	3990
Leistung (PS/min)	45/1650
Leergewicht in kg	2500
Antriebsart	Hinterrad
Getriebe	5/1

Deutz-Dieselschlepper F 3 L 514/51

Der Dreizylinderschlepper F 3 L 514/51 war das dritte Mitglied der von Deutz neu geschaffenen luftgekühlten Traktorenfamilie. Das im Mai 1951 vorgestellte Fahrzeug war noch mit dem bewährten seit 1934 verwendeten Fünfganggetriebe ausgerüstet. Dieser Getriebetyp, der auf Wunsch zwei zusätzliche Kriechgänge hatte, bestand aus einem zylindrischen Stahlgehäuse für das Wechselgetriebe mit einem angeflanschten geschweißten Gehäuse für den Achsantrieb. Neben dem auf 20 km/h begrenzten Standardgetriebe war auch eine Schnellgangversion verfügbar, die den Traktor auf fast 30 km/h beschleunigte. Anfangs leisteten die Fahrzeuge 42 PS. 1953 wurde die Motorleistung auf 45 PS angehoben. Auf Wunsch ließ sich der Traktor auch mit einer Motorzapfwelle für den Mähdruscheinsatz ausrüsten.

Bauzeit	1946–1954
Motor-Bauart	Vierzylinder/Reihe
Hubraum in ccm	4019
Leistung (PS/min)	45/1800
Leergewicht in kg	1770
Antriebsart	Hinterrad
Getriebe	5/1

Hürlimann-Dieselschlepper D 100

Das im Herbst 1946 erstmals vorgestellte Hürlimann-Traktormodell D 100 erregte damals beträchtliches Aufsehen. Der Schlepper besaß einen Direkteinspritz-Diesel mit Einspritzpumpe und -düsen von Bosch. Das Traktormodell D 100 gehörte zu den ersten Hürlimann-Traktoren, deren Bauteile nahezu komplett im eigenen Betrieb hergestellt waren. Ganzranksteuerung, Einzelradabbremsung, Getriebezapfwelle mit zwei Geschwindigkeiten und Differenzialsperre gehörten zur Serienausstattung. Mähapparat, Fruchtableger, Motoregge, Graszettmaschine, Kotflügel, Motorbremse, Kraftheber, Windschutzscheibe und Verdeck sowie die auf den Zapfwellenabtrieb seitlich aufsteckbare Riemenscheibe gab es gegen Aufpreis. Der Typ D 100 war eines der erfolgreichsten Traktormodelle dieses Herstellers.

Bauzeit	1951–1957
Motor-Bauart	Dreizylinder/Reihe
Hubraum in ccm	3990
Leistung (PS/min)	45/1600
Leergewicht in kg	2340
Antriebsart	Hinterrad
Getriebe	6/1

Eicher-Dieselschlepper L 40

Im Jahr 1951 stellten die Eicher-Werke den 42 PS starken Typ L 40 als das seinerzeit größte lieferbare Traktormodell vor. In Ermangelung eines eigenen luftgekühlten Antriebsaggregats war dieser Traktor mit dem Deutz-Diesel F 3 L 514 ausgerüstet. Zunächst erhielt der L 40 ein für diese Leistung nicht ausgelegtes ZF-Getriebe. Schon nach kurzer Bauzeit beseitigte Eicher diesen Schwachpunkt und rüstete den Schlepper mit einem geeigneteren Produkt aus gleicher Quelle aus. Es besaß einen zusätzlichen Kriechgang als sechste Gangstufe. Bis 1954 – im gleichen Jahr wurde seine Leistung auf 45 PS erhöht – war der für schwere Mähdrusch- und Zapfwellenarbeiten angedachte L 40 das größte Eicher-Modell. Das auf Wunsch erhältliche Zubehör bestand aus Dreipunkt-Hydraulik, Druckluftbremsanlage, Allwetterverdeck und Seilwinde.

Bauzeit	1950–1958
Motor-Bauart	Vierzylinder/Reihe
Hubraum in ccm	5702
Leistung (PS/min)	45/1200
Leergewicht in kg	3200
Antriebsart	Hinterrad
Getriebe	5/1

Hanomag-Dieselschlepper R 45

Ende 1950 hatten die Hanomag-Werke mit dem schweren Radschlepper R 45 einen stärkeren und technisch überarbeiteten Nachfolger des erfolgreichen Modells R 40 zur Serienreife gebracht. Damit entsprach das Werk den Forderungen der Kundschaft nach mehr Leistung. Der um fünf PS leistungsstärkere R 45 zeichnete sich durch eine neue Motorverkleidung aus, die ab 1953 durch ein Kühlerlüftungsgitter mit senkrechten Streben optisch aufgewertet wurde, sowie durch den hubraumstärkeren Motor D 57. Erst zur DLG-Ausstellung 1951 wurde der R 45 der breiten Öffentlichkeit vorgestellt. Es gab ihn in mehreren Ausführungen, von denen die Variante R 45 C als Straßenschlepper mit Schnellganggetriebe die wohl wichtigste war. 14.610 Mark kostete der R 45 in der Grundausrüstung ohne Kraftheber.

Bauzeit	1945–1955
Motor-Bauart	Einzylinder
Hubraum in ccm	10.338
Leistung (PS/min)	45/630
Leergewicht in kg	3880
Antriebsart	Hinterrad
Getriebe	6/2

Lanz Ackerluft-Bulldog 45 PS Typ HR 8, D 9506

Dieser anfangs mit 38 PS Dauerleistung eingestufte Lanz-Bulldog wurde seit 1934 angeboten. Erst im Rahmen einer ab 1936 erfolgten Neuklassifizierung wurde daraus ein Fahrzeug mit 45 PS Höchstleistung. Die häufigste Variante innerhalb der Typenreihe war der D 9506 Ackerluft-Bulldog mit serienmäßiger Luftbereifung und Sechsganggetriebe. Es war eine sehr starke Maschine, die vor allem für große Höfe vorgesehen war. Mit 2705 kg maximaler Zughakenkraft und mehr als 30 Tonnen Anhängelast im ersten Gang konnte die Leistungsfähigkeit schon überzeugen. Nach der kriegsbedingten Baueinstellung verließen bereits im Sommer 1945 die ersten Maschinen die noch weitgehend zerstörten Werksanlagen. Beim Wiederaufbau erwiesen sich die schweren Bulldogs zwar als unverzichtbar, technisch aber waren sie mittlerweile überholt.

Bauzeit	1952–1957
Motor-Bauart	Vierzylinder/Reihe
Hubraum in ccm	3180
Leistung (PS/min)	45/2000
Leergewicht in kg	2265
Antriebsart	Hinterrad
Getriebe	5/1

Normag-Dieselschlepper NG 45

Mit dem NG 45 nahmen auch die Normag-Werke einen Großschlepper ins Programm. Schon zu Beginn der 1950er Jahre war es das erklärte Ziel fast jedes Herstellers, ein derartiges Prestige- und Vorzeigeobjekt im Sortiment zu führen. Trotz mancher wirtschaftlicher Bedenken versprachen sich die Anbieter von dieser Leistungsgröße recht viel, obwohl die Inlandsnachfrage nach derartigen Boliden erfahrungsgemäß nur gering ausfiel. Auf dem Exportsektor hingegen waren solche Traktoren schon eher gefragt, und mancher Hersteller verbesserte mit Auslandsaufträgen seine Jahresbilanz entscheidend. Das Normag-Modell fiel vor allem durch den Henschel-Lanova-Dieselmotor ein wenig aus dem üblichen Rahmen. Bei rund 30 gefertigten Einheiten, die überwiegend exportiert wurden, dürfte sein Bau nicht sehr gewinnbringend gewesen sein.

Bauzeit	1954–1958
Motor-Bauart	Dreizylinder/Reihe
Hubraum in ccm	4830
Leistung (PS/min)	45/1500
Leergewicht in kg	3100
Antriebsart	Hinterrad
Getriebe	6/1 oder 7/1

Schlüter-Dieselschlepper AS 45

Der nur in 109 Einheiten produzierte AS 45 gehörte infolge seiner Baugröße eindeutig zu den damaligen Großschleppern. Es war ein grundsolider und sehr widerstandsfähiger Traktor mit beachtlichen Blechstärken und konventionellen Konstruktionsmerkmalen. Drehfreudigkeit und Leistung des Dreizylindermotors – für kurze Zeit leistete der Motor 48 PS – resultierten aus dem großzügig bemessenen Hubraum bei entsprechend niedriger Drehzahl. Im großbäuerlichen Betrieb und auf großen Flächen vor schweren zapfwellengetriebenen Vollerntemaschinen war der Einsatz dieser starken Maschine am wirtschaftlichsten. Auch in Wald und Forst machte er mit Seilwinde eine gute Figur. In Anbetracht der gebotenen Leistung und der Fertigungsqualität war der große Schlüter mit 13.900 Mark in der Basisausführung im Vergleich zur Konkurrenz ausgesprochen preiswert.

Bauzeit	1947–1955
Motor-Bauart	Einzylinder
Hubraum in ccm	10.338
Leistung (PS/min)	45/630
Leergewicht in kg	3840
Antriebsart	Hinterrad
Getriebe	6/2

Ursus-Bulldog C 45

Im Mai 1947 begann die Serienfertigung des Ursus-Bulldogs C 45 in den bei Warschau gelegenen Ursus-Werken. Der dem Lanz-Bulldog D 9506 nachgebaute Ursus C 45 entsprach in Gesamtaufbau und äußerem Erscheinungsbild fast genau seinem deutschen Vorbild. Auch Glühkopfmotor und Getriebe wiesen kaum Abweichungen auf. In der Regel wurde der Ursus C 45 mit einer Windschutzscheibe sowie mit eckigen, leicht abgekanteten Hinterradkotflügeln ausgeliefert, aber im Prinzip war es ein kompletter Nachbau des 45-PS-Glühkopfbulldogs der Mannheimer Heinrich-Lanz-Werke. Ein Lizenzprodukt war es nicht, weil ausgeschlossen werden kann, dass der Produktion irgendeine vertragliche Vereinbarung zugrunde lag. Daher sind auch niemals Lizenzgebühren an den deutschen Hersteller abgeführt worden.

Bauzeit	1953–1955
Motor-Bauart	Vierzylinder/Reihe
Hubraum in ccm	3288
Leistung (PS/min)	44/2000
Leergewicht in kg	2235
Antriebsart	Hinterrad
Getriebe	5/1

Allgaier-Dieselschlepper A 144

Seit 1952 wurde das Allgaier-Schlepperprogramm durch vier neue Modelle vereinheitlicht. Diese blockkonstruierten Fahrzeuge waren mit nach dem Baukastensystem entworfenen, luftgekühlten Motoren ausgerüstet. Die Antriebsaggregate besaßen einen einheitlichen Hubraum von 822 ccm je Zylindereinheit und hatten eine einheitliche Nenndrehzahl. Im Frühjahr 1953 waren die Konstruktionsarbeiten am leistungsstärksten Vertreter der Reihe, dem Typ A 144, abgeschlossen. Mit 44 PS Motorleistung gehörte der mit einem ZF-Fünfganggetriebe bestückte A 144 als starker Zugschlepper damals bereits zu den Modellen der Oberklasse. Auch bei diesem Allgaier-Spitzenmodell gehörte die ölhydraulische Kupplung zur Serienausstattung des 14.275 Mark teuren Fahrzeugs.

Bauzeit	1953–1955
Motor-Bauart	Vierzylinder/Reihe
Hubraum in ccm	2925
Leistung (PS/min)	42/2000
Leergewicht in kg	2560
Antriebsart	Allrad
Getriebe	5/1 oder 6/1

MAN-Diesel-Allradschlepper AS 542 A

Seit dem Frühjahr 1953 wurde der MAN-Allradschlepper AS 542 A in Serie gefertigt. Durch Verwendung eines neuen Zylinderkopfes erzeugte der Vierzylindermotor maximal 42 PS. Gegenüber dem Vormodell AS 440 hatte das Fahrzeug ein stärker belastbares Fünfganggetriebe erhalten. Dabei hatte der Kunde die Wahl zwischen dem Standardgetriebe und einer schnellen Getriebevariante mit 27 km/h Höchstgeschwindigkeit. Letztere Ausführung war dann vorteilhaft, wenn das Fahrzeug häufig für Straßentransporte verwendet werden sollte. Für den Forsteinsatz standen eine Drei- oder eine Sechstonnen-Forstseilwinde des Herstellers Schlang & Reichhardt zur Verfügung. Auf Wunsch gab es den AS 542 A auch mit einem hydraulischen Dreipunkt-Kraftheber sowie mit Motorzapfwelle und Frontlader.

Bauzeit	1944–1950
Motor-Bauart	Dreizylinder/Reihe
Hubraum in ccm	2940
Leistung (PS/min)	40/1900
Leergewicht in kg	1700
Antriebsart	Hinterrad
Getriebe	4/1

Bührer-Dieselschlepper BD 3

Während des Krieges wurde die Einfuhr der bislang für Schlepperantriebe verwendeten ausländischen Motoren in die Schweiz immer schwieriger. 1943 brachten die Bührer-Werke ihren ersten eigengefertigten Wirbelkammer-Dieselmotor zum Laufen. Dieses Antriebsaggregat diente als Grundlage für alle folgenden, nach dem Baukastensystem entwickelten Motoren. Bereits ein Jahr später folgte ein Dreizylinderaggregat mit 40 PS, das umgehend im Schleppermodell BD 3 installiert wurde. Es war ein leistungsstarkes Fahrzeug, das als Alleinschlepper selbst für kleinere Großbetriebe schon völlig ausreichend motorisiert war. Da dieser Traktor speziell auf die Anforderungen der Landwirtschaft in der Schweiz ausgerichtet war, erfreute er sich bei den dortigen Bauern großer Beliebtheit.

Bauzeit	1951–1958
Motor-Bauart	Dreizylinder/Reihe
Hubraum in ccm	3534
Leistung (PS/min)	40/1500
Leergewicht in kg	2400
Antriebsart	Hinterrad
Getriebe	5/1

Fendt-Dieselschlepper F 40

Im Mai stellten die Fendt-Werke den 40-PS-Schlepper F 40 vor. Dieses stärkste Dieselross-Modell fand in Fachkreisen große Beachtung. Insgesamt war es damals schon ein Wagnis, mit einem derart starken Schlepper aufzuwarten, denn Größe und Preis beschränkten die Verbreitungsmöglichkeiten. Da aber nahezu alle renommierten Anbieter den Ehrgeiz hatten, zumindest mit einem speziell für Großbetriebe oder Exportzwecke geeigneten schweren Traktor aufzuwarten, durfte auch Fendt nicht zurückstehen. Der F 40 war ein konventioneller Blockbauschlepper, der seine Kraft aus einem Dreizylinder-MWM-Diesel zog. Serienmäßig waren Differenzialsperre, Mähantrieb und Getriebezapfwelle vorhanden. Allwetterverdeck, Druckluftbremsanlage, Mähwerk, Riemenscheibe und die Hochradbereifung 11-28 gab es gegen Aufpreis.

Bauzeit	1951–1958
Motor-Bauart	Dreizylinder/Reihe
Hubraum in ccm	3534
Leistung (PS/min)	40/1500
Leergewicht in kg	2500
Antriebsart	Hinterrad
Getriebe	6/1

Fendt-Dieselschlepper F 40 U

Im Gegensatz zur Standardausführung des F 40 gab es dieses Fendt-Schleppermodell als Bauvariante F 40 U mit einem sechsgängigen ZF-Getriebe und unabhängiger Zapfwelle (Motorzapfwelle). Obwohl dieses Fahrzeug wesentlich teurer war, erhielt der Kunde als Gegenwert ein ausgesprochen starkes Arbeitsgerät mit hoher Zugleistung, das sich speziell für den Großbetrieb, aber auch für gewerblichen Einsatz eignete. Vor schweren Zapfwellengeräten wie als mit schnellem Getriebe ausgerüsteter Transportschlepper war der F 40 U in seinem Element. Ein besonderer Vorteil der Bauvariante war die unabhängig vom Fahrbetrieb ein- und auskuppelbare Zapfwelle. Das machte dieses Fahrzeug als Mähdruschschlepper besonders geeignet. Die Zugkraft betrug 2050 kg bei Mindest-Lieferumfang, mit Zusatzgewichten gar 2600 kg.

Bauzeit	1951–1959
Motor-Bauart	Dreizylinder/Reihe
Hubraum in ccm	3535
Leistung (PS/min)	40/1500
Leergewicht in kg	2200
Antriebsart	Hinterrad
Getriebe	5/1

Hela-Dieselschlepper D 40

Ab Juni 1952 brachten die Aulendorfer Hermann-Lanz-Werke den starken „Volldiesel-, Acker- und Verkehrsschlepper" D 40 auf den Markt. Dieser als Konkurrenz zu den gleich starken Modellen von Fendt, Hanomag und anderen Anbietern ausersehene Traktor konnte sich technisch mit diesen durchaus messen, blieb aber stückzahlmäßig bedeutungslos. Von den insgesamt 60 innerhalb von acht Jahren gebauten Exemplaren gingen allein 40 in den Export und damit in zehn Empfängerländer. Getriebezapfwelle, querblattgefederte Vorderachse, Anlass- und Beleuchtungsanlage, Vorder- und Hinterradkotflügel sowie eine Differenzialsperre gehörten zum serienmäßigen Lieferumfang. Riemenscheibe, Drei- oder Vierpunkt-Kraftheber, Seilwinde, Stahlschutzdach mit Windschutzscheibe, Seitenteile und Druckluftbremsanlage wurden gesondert berechnet.

Bauzeit	1952–1955
Motor-Bauart	Vierzylinder/Reihe
Hubraum in ccm	2925
Leistung (PS/min)	40/2000
Leergewicht in kg	2000
Antriebsart	Allrad
Getriebe	6/1

MAN-Diesel-Allradschlepper AS 440 A

Infolge der gestiegenen Motorleistungen musste MAN einen stärker dimensionierten Vorderachsantrieb samt neuer Gabelvorderachse entwickeln. Diese Elemente wurden ab Herbst 1952 in den Allradschleppern ab 30 PS verwendet. Hinzu kam ein verstärktes ZF-Sechsganggetriebe, dessen erste Gangstufe als voll belastbarer Kriechgang ausgelegt war. Zusammen mit einem 40-PS-Vierzylinder-G-Motor bildete das Getriebe eine tragende Baugruppe für den neu entstandenen Schlepper AS 440 A. Der in verhältnismäßig großen Stückzahlen verkaufte vierradgetriebene Traktor war als zugstarker Schlepper nicht nur in Großbetrieben, sondern auch in der Forstwirtschaft und für Straßentransporte geschätzt. Die Hinterradvariante hingegen brachte es nur auf eine kleine Stückzahl.

Bauzeit	1953–1957
Motor-Bauart	Dreizylinder/Reihe
Hubraum in ccm	3535
Leistung (PS/min)	40/1500
Leergewicht in kg	2500
Antriebsart	Allrad
Getriebe	5/1

Nordtrak-Diesel-Allradschlepper Stier 45

Im Jahr 1953 ging im Verkaufsprogramm der in der Nähe von Hamburg ansässigen Nordtrak-Werke der 40-PS-Allradschlepper Stier 45 als Spitzenmodell an den Start. Auch dieses Modell präsentierte sich mit der schmalen Haube und seinem darauf abgestimmten Kühlerlüftungsgitter und der Zweifarbenlackierung in einem sehr eigenwilligen und einheitlichen Styling. Die Zugkraft betrug mit Zusatzgewichten 2150 kg, und die einheitlich große Bereifung hatte die Größe 10-28. Die Fronttriebachse war mit einem Querblattfederpaket gegen den Motorblock abgestützt, wobei die Spurweite nicht verändert werden konnte. Zu den wichtigsten Ausrüstungsteilen des Allradfahrzeugs gehörte eine starke Forstseilwinde, denn ein großer Teil der Nordtrak-Maschinen wurde nicht für die Feldarbeit, sondern in Wald und Forst eingesetzt.

Bauzeit	1949–1956
Motor-Bauart	Vierzylinder/Reihe
Hubraum in ccm	5022
Leistung (PS/min)	40/1250
Leergewicht in kg	3300
Antriebsart	Hinterrad
Getriebe	5/1

IFA-Radschlepper RS 01/40 Pionier

Der schwere Radschlepper „Pionier" war das erste in der DDR gebaute Traktormodell. Das Fahrzeug wurde erstmals auf der Leipziger Frühjahrsmesse 1949 vorgestellt. Er erhielt die Kennung „RS 01/40", wobei „RS" für Radschlepper, „01" für den ersten IFA-Schlepper und die Zahl 40 für die PS-Leistung standen. Zeitgleich erhielt das Fahrzeug offiziell den Namen „Pionier". Es war ein kräftiger Schlepper mit kantiger Motorhaube, der in der Regel mit geschlossenem Fahrerhaus geliefert wurde. Die Startfreudigkeit des Motors ließ sehr zu wünschen übrig, denn er musste anfangs mittels eines umständlichen Benzinanlassverfahrens in Betrieb gesetzt werden, bevor er auf Dieselbetrieb umgestellt werden konnte. Besonders bei kalter Witterung erwies sich das Anwerfen des Motors per Hand als fast unmöglich, sodass meistens angeschleppt werden musste.

Bauzeit	1953–1956
Motor-Bauart	Einzylinder
Hubraum in ccm	3711
Leistung (PS/min)	36/1050
Leergewicht in kg	2390
Antriebsart	Hinterrad
Getriebe	6/2

Lanz-Bulldog D 3606, 36 PS Typ HN

1952 begann bei den Mannheimer Lanz-Werken die Ära der Halbdiesel-Bulldogs. Im darauffolgenden Jahr wurde die Modellreihe um das Modell D 3606 erweitert. Mit 36 PS Motorleistung war es ein starker Zugschlepper für schwere Bodenbearbeitung und als Nachfolger des legendären 35-PS-Glühkopfbulldogs D 8506 vorgesehen. Eine Motorzapfwelle stand jedoch nicht zur Verfügung, sondern nur eine Getriebezapfwelle. War schon sein Eigengewicht in dieser Klasse recht hoch, erreichte er in Verbindung mit zusätzlichem Ballast mit 4740 kg ein sehr hohes zulässiges Gesamtgewicht. Damit schaffte er 2755 kg Zugkraft am Haken respektive eine Anhängelast von mehr als 30 Tonnen im ersten Gang. Er konnte recht gute Verkaufserfolge verbuchen und kostete grundausgerüstet 11.590 Mark.

Bauzeit	1952–1957
Motor-Bauart	Zweizylinder/Reihe
Hubraum in ccm	2425
Leistung (PS/min)	35/1800
Leergewicht in kg	1870
Antriebsart	Hinterrad
Getriebe	6/1

Güldner-Dieselschlepper AFN

1952 brachten die Aschaffenburger Güldner-Werke den 35-PS-Schlepper AFN auf den Markt. Dieser damals stärkste Güldner-Traktor wurde von einem hauseigenen Zweizylinder-Wirbelkammer-Dieselmotor bewegt. Das Getriebe stammte von ZF und wies fünf Vorwärtsgänge und einen zusätzlichen Kriechgang auf. Durch die in Portalbauweise als pendelnde Schwingachse mit einem Querblattfederpaket ausgeführte Vorderachse wurde eine extrem große Bodenfreiheit von 500 mm erreicht. Ausgerüstet mit Getriebezapfwelle, hinteren Kotflügeln, Anhängevorrichtung vorne und hinten, Anhängeschiene und Kühlwasserthermostat kostete der Schlepper 9900 Mark. Mähwerk, Riemenscheibe, Druckluftbremsanlage, hydraulischer Kraftheber, Allwetterverdeck und Seilwinde gab es auf Wunsch. Es war ein solider Zugschlepper konventioneller Bauart, der eher für größere Höfe in Frage kam.

Bauzeit	1952–1955
Motor-Bauart	Dreizylinder/Reihe
Hubraum in ccm	2467
Leistung (PS/min)	33/2000
Leergewicht in kg	1840
Antriebsart	Hinterrad
Getriebe	5/1

Allgaier-Dieselschlepper A 133

Das 33 PS starke Schleppermodell A 133 der Uhinger Allgaier-Werke war besonders für mittelgroße Bauernhöfe oder kleinere Großbetriebe eine wirtschaftliche Lösung. Wie bei den übrigen Modellen des Herstellers gehörte die ölhydraulische Voith-Strömungskupplung zum serienmäßigen Lieferumfang. Als Antriebsquelle diente ein luftgekühlter Dreizylinder-Diesel, der mit einem Fünfganggetriebe verblockt war. Der formschöne A 133, der seine Herkunft aus dem Porsche-Konstruktionsbüro nicht verleugnen konnte, war eine solide verarbeitete, recht zugstarke Maschine. So konnte man dem A 133 getrost auch gezogene Mähdrescher und weitere zapfwellengetriebene Anhängegeräte anvertrauen. Im Jahr 1954 wurde dieses Fahrzeug in der Grundausrüstung für 9121 Mark angeboten.

Bauzeit	1951–1957
Motor-Bauart	Zweizylinder/Reihe
Hubraum in ccm	2660
Leistung (PS/min)	33/1600
Leergewicht in kg	1865
Antriebsart	Hinterrad
Getriebe	5/1

Kramer-Dieselschlepper K 33

Im Dezember 1950 brachten die Kramer-Werke das Dieselschlepper-Modell K 33 heraus. Schon nach kurzer Zeit erhielt dieser Traktor den luftgekühlten Deutz-Motor F 2 L 514 als Einbauaggregat mit 33 PS. Dieser recht verbreitete Deutz-Motor wurde auch im Fahr-Modell D 30 L und im Eicher L 28 installiert. Getriebezapfwelle und Differenzialsperre waren serienmäßig. Mähantrieb und Mähwerk, hydraulischer Dreipunkt-Kraftheber, Windschutzscheibe und Leichtverdeck, Seilwinde mit Bergstütze und Riemenscheibe zählten zum auf Wunsch gegen separate Berechnung erhältlichen Sonderzubehör. Insgesamt entstanden von diesem Modell 580 Exemplare, die teilweise mit geschlossenem Fahrerhaus und Druckluftbremsanlage ausgeliefert wurden.

Bauzeit	1950–1957
Motor-Bauart	Zweizylinder/Reihe
Hubraum in ccm	2660
Leistung (PS/min)	30/1550
Leergewicht in kg	1870
Antriebsart	Hinterrad
Getriebe	5/1

Eicher-Dieselschlepper L 28

Im Jahr 1950 ging der mit einem luftgekühlten Zweizylinder-Deutz-Aggregat bestückte Eicher-Traktor L 28 an den Start. Dieser mit einem Fremdmotor ausgerüstete Schlepper gehörte zu jenen Modellen, die zur Aufstellung eines leistungsmäßig gut abgestuften Programms notwendig waren, um die Zeit bis zum Erscheinen eines eigenen Motors zu überbrücken. Da Eicher konsequent auf Luftkühlung setzte, waren nur die Kölner Deutz-Werke als Motorenhersteller in der Lage, die entsprechenden Antriebseinheiten in der erforderlichen Stückzahl zu liefern. Von diesem mit einem Fünfganggetriebe ausgerüsteten, recht zugstarken Schlepper gab es sowohl eine standardbereifte Variante mit kleinen Hinterrädern, als auch eine Allzweckausführung mit schmalen, hohen Rädern in der Größe 9-42.

Bauzeit	1951–1953
Motor-Bauart	Zweizylinder/Reihe
Hubraum in ccm	2660
Leistung (PS/min)	30/1550
Leergewicht in kg	1750
Antriebsart	Hinterrad
Getriebe	5/1

Deutz-Dieselschlepper F 2 L 514/51

Um den 30 PS starken Deutz-Schlepper F 2 L 514/50 auch in Reihenkulturen für Bestell- und Pflegearbeiten verwenden zu können, konnte das Fahrzeug auf Wunsch mit einer Allzweckbereifung in der Größe 9-42 oder 9-40 bestückt werden. Diese so genannte Hochradausführung unterschied sich vom Standardschlepper nicht nur durch die größere Bauhöhe, sondern auch durch die Speichenfelgen, die geänderte Getriebeübersetzung, Hinterradkotflügel, Vorderachse und Vorderachsbock. Während der Standardtraktor eine Bodenfreiheit von 400 mm aufwies, kam der allzweckbereifte Schlepper auf 460 mm. Die Anschaffung eines solchen Fahrzeugs war vor allem für großflächige Höfe als reiner Zweit- und Pflegeschlepper interessant, während sich für mittlere Betriebsgrößen als Universalfahrzeug eher die Standardausführung anbot.

Bauzeit	1951–1953
Motor-Bauart	Zweizylinder/Reihe
Hubraum in ccm	2660
Leistung (PS/min)	30/1600
Leergewicht in kg	1975
Antriebsart	Hinterrad
Getriebe	5/1

Fahr-Dieselschlepper D 30 L

Nachdem die luftgekühlten Dieselmotoren von Deutz zur Verfügung standen, bot sich auch für die Fahr-Werke die Gelegenheit, in die größere Leistungsklasse vorzustoßen. Dies begann im März 1951 mit dem Modell D 30 L, das ein Zweizylinderaggregat aus der besagten Motorenreihe in Verbindung mit einem Fahr-Fünfganggetriebe erhielt. Letzteres gab es sowohl in einer bis 20 km/h begrenzten Standardausführung, als auch in einer schnelleren Variante, die bis zu 25 km/h reichte. Der D 30 L war eine robuste Maschine im Mittelklassebereich und eignete sich vor allem für mittlere Betriebsgrößen. Mit 1700 kg im ersten Gang verfügte er über eine verhältnismäßig hohe Zugkraft. Differenzialsperre, Mähantrieb und Getriebezapfwelle waren serienmäßig vorhandene Ausrüstungsgegenstände, während Riemenscheibe und hydraulischer Dreipunkt-Kraftheber nur gegen Aufpreis lieferbar waren.

Bauzeit	1950–1955
Motor-Bauart	Vierzylinder/Reihe
Hubraum in ccm	2930
Leistung (PS/min)	30/1500
Leergewicht in kg	2000
Antriebsart	Allrad
Getriebe	5/1

MAN-Diesel-Allradschlepper AS 330 A

Die Konstruktion des MAN-Schlepper AS 330 A basierte auf dem Typ AS 325 A und entstand durch Verwendung eines mit vergrößertem Hubvolumen ausgestatteten, leistungsstärkeren Vierzylinder-Motors mit 30 PS. Den Allradantrieb besorgte auf der linken Fahrzeugseite eine Steckachse, die über ein Kreuzgelenk die Motorkraft auf die Fronttriebachse übertrug. Der Antrieb der Vorderräder erfolgte nicht permanent. Er ließ sich während der Fahrt zu- und abschalten. Der Allradtraktor entwickelte mit 2000 kg eine beachtliche Zugkraft und wurde hauptsächlich dort verwendet, wo Landschafts- und Bodenverhältnisse seinen Einsatz erforderlich machten. Mit diesen Traktoren, die sich trotz ihres zwangsläufig höheren Preises gut verkauften, festigte MAN das Image, ein ausgewiesener Allradspezialist zu sein.

Bauzeit	1949–1951
Motor-Bauart	Zweizylinder/Reihe
Hubraum in ccm	2598
Leistung (PS/min)	30/1550
Leergewicht in kg	1980
Antriebsart	Hinterrad
Getriebe	5/1

Fahr-Dieselschlepper D 28

Bereits unmittelbar nach Kriegsende hatten die in Gottmadingen ansässigen Fahr-Traktorenwerke mit der Neuentwicklung eines mittelschweren Schleppers begonnen. Aber erst im Januar 1949 kam eine Serienproduktion des als D 28 bezeichneten Modells in Gang. Es handelte sich um einen sehr formschönen Traktor mit runder Motorverkleidung und roter Lackierung. Er wurde von einem 28 PS starken Zweizylinder-Güldner-Dieselmotor angetrieben. Die Kraftübertragung erfolgte durch ein hauseigenes Fünfganggetriebe. Ab 1950 wurde die Motorleistung auf 30 PS angehoben. Die Serienausrüstung bestand aus Differenzialsperre und Getriebezapfwelle, während Mähantrieb, Mähwerk, Riemenscheibe, Seilwinde und Verdeck gesondert berechnet wurden.

Bauzeit	1950–1952
Motor-Bauart	Zweizylinder/Reihe
Hubraum in ccm	2356
Leistung (PS/min)	28/1500
Leergewicht in kg	1574
Antriebsart	Hinterrad
Getriebe	5/1

Fendt-Dieselschlepper F 25 P

Als Traktor für den größeren Leistungsbedarf stellten die Fendt-Werke ab 1950 das Schleppermodell F 25 G vor. Aus diesem Traktor entstand noch im gleichen Jahr das verbesserte Modell F 25 P, dessen wassergekühlter MWM-Motor nun mit einer Dauerleistung von 25 PS sowie mit 28 PS Höchstleistung klassifiziert war. Das Fünfganggetriebe gab es sowohl als Standardausführung als auch in einer schnelleren Variante. Neben dem Standardschlepper mit 9-24er Hinterradbereifung gab es auch spezielle Hackfruchtausführungen mit 8-36er oder gar 9-42er Bereifungsgröße. Entsprechend variierte die Bodenfreiheit von 380 bis zu 520 mm. Es waren recht zugstarke Traktoren, die ihre soliden und unverwüstlichen Eigenschaften im täglichen Einsatz unter Beweis stellen konnten.

Kapitel 2 (1955–1965)

Die Fahrzeuge werden stärker und technisch anspruchsvoller

Mit einer Gesamtproduktion von – einschließlich der Exporte – mehr als 150.000 Einheiten im Jahr 1955 konnte die westdeutsche Traktorindustrie mehr als zufrieden sein. Der anhaltende Traktorboom hatte in den vorangegangenen Jahren zahlreiche Landmaschinen- und Motorenhersteller ermuntert, die Traktorenfabrikation als zusätzliches Fertigungssegment ins Programm aufzunehmen. Vom scheinbar uneingeschränkt aufnahmefähigen Markt versprach man sich nicht nur gute Gewinnaussichten, sondern als weiteres Standbein gleichzeitig auch die Verminderung des unternehmerischen Risikos und somit zusätzliche Sicherheit.

Bis dahin bestanden praktisch alle Ackerschlepper aus rein mechanischen, noch recht einfach und übersichtlich konstruierten Bauteilen. Es waren fast ausschließlich reine Zugschlepper, deren Fortbewegung noch überwiegend mit Vorkammer-, seltener mit Wirbelkammertechnik oder – noch seltener – als Direkteinspritzer arbeitende Ein- bis Vierzylindermotoren übernahmen. Die Motorkühlung erfolgte entweder konventionell mit Wasser oder neuerdings mit Luft. Die erst 1948 im Ackerschlepperbau eingeführten luftgekühlten Motoren zählten in dieser Zeit zu den wichtigsten technischen Neuerungen und hatten schnell zahlreiche Befürworter gefunden. Denn Luft konnte im Gegensatz zu Wasser im Winter nicht gefrieren.

Hinzu kam ein ausschließlich schubradgeschaltetes Vier- oder Fünfganggetriebe, das mit dem Motor zu einer selbsttragenden Einheit verbunden war. Verschiedentlich gab es aber auch schon Getriebe mit größerer Gangzahl, und es bestand die Möglichkeit, eine Kriechganggruppe hinzuzufügen.

Die Ausrüstung des Schleppers bestand in der Regel aus Getriebezapfwelle, Riemenscheibe, Seitenmähwerk und einem mechanischen, vielfach aber bereits hydraulischen Kraftheber. Verschiedentlich kam auch der Vierpunkt-Normschwingrahmen noch zum Einsatz. Der nach wie vor verhältnismäßig teure Allradantrieb bildete die Ausnahme.

Der Schlepperfahrer saß offen und ungeschützt oder durch ein einfaches Dach mit Windschutzscheibe, seltener durch ein Allwetterverdeck geschützt auf einem einfachen Muldenschwingsitz. Unter diesen nicht sehr gesundheitsförderlichen Bedingungen musste er einen langen Arbeitstag auf dem lauten, kaum gefederten Fahrzeug ertragen.

Etwa ab Mitte der 1950er Jahre begann sich langsam ein Wandel in der Branche abzuzeichnen. Viel früher als erwartet trat eine spürbare Marktsättigung ein. Die dringlichste Nachfrage war gedeckt. Die Landwirte erwarteten durchweg mehr Leistung von ihren Fahrzeugen, besonders um die nun verstärkt erhältlichen Anbau- und Zapfwellengeräte nutzen zu können. Ein Schlepper konnte auch nicht mehr isoliert angeboten werden, denn es musste ein entsprechendes Zubehör- und Geräteprogramm zur Verfügung stehen. Angesichts des zunehmenden Arbeitskräftemangels in der Landwirtschaft waren Einmannbedienung und Vielseitigkeit gefragt. Die Fahrzeuge wandelten sich immer mehr von reinen Zugschleppern zu Universalfahrzeugen. Hieraus entstand als besondere Traktorbauform der Tragschlepper, der den Geräteanbau auch zwischen den Achsen ermöglichte.

Von dieser neuen Entwicklung besonders hart betroffen waren die Hersteller von Kleinschleppern, die teils dramatische Umsatzeinbußen hinzunehmen hatten. Seit der zweiten Hälfte der 1950er Jahre folgte daher eine weitere Auslese, als sich selbst größere Hersteller aus dem immer unprofitabeler gewordenen Wettbewerb zurückziehen mussten. Ein Sonderfall war die Firma Heinrich Lanz in Mannheim. Das Unternehmen war viel zu lange bei veralteter Technik geblieben. Die Übernahme durch John Deere kam dem unvermeidlichen Konkurs des traditionsreichen einstigen Marktführers zuvor. Es war der erste große Hersteller, den die heraneilende Krise traf. In den frühen 1960er Jahren mussten auch Fahr, MAN und Porsche aufgeben.

1960 war die Landwirtschaft in der Bundesrepublik der Vollmechanisierung schon sehr nahe gekommen. Die Zahl der Traktoren war von 178.000 im Jahr 1950 auf 855.000 gestiegen. Die durchschnittliche Motorleistung eines Schleppers lag nun bei etwa 35 PS – bei steigender Tendenz. Im Vergleich zur vorausgegangenen Dekade war der Anteil der stärkeren Schlepper stark gestiegen. Die Branche stand an der Stufe zum Sechszylinderschlepper, und die 100-PS-Grenze war im Traktorenbau nicht mehr sehr fern.

Lanz-Bulldog D 6006

Seit 1955 gingen bei den Mannheimer Lanz-Werken zwei schwere Halbdiesel-Bulldogs an den Start. Sie ersetzten die alten Glühkopfmodelle. Das stärkere Fahrzeug war der große Halbdieselschlepper D 6006 mit 60 PS Motorleistung. Mit einem Eigengewicht von etwa 3850 kg war dies schon eine gewaltige und wuchtige Maschine, die noch so schwere Arbeit nicht zu scheuen brauchte. Bis zum Ende des eigenständigen Lanz-Traktorenbaus zu Beginn der 1960er Jahre blieben diese Boliden fester Bestandteil des Verkaufsprogramms. Nachdem Deere & Company ab Oktober 1956 über die Aktienmehrheit im Unternehmen verfügten, wurden die Bulldogs seit September 1958 unter der Bezeichnung „John Deere-Lanz“ in der John-Deere-grünen Farbgebung mit gelben Felgen angeboten.

DIESEL
KL II
TYP 280a

Steyr-Dieselschlepper Typ 280 a

Bereits unmittelbar nach Kriegsende begannen bei den österreichischen Steyr-Werken die Konstruktionsarbeiten an einem robusten und einfach zu fertigenden wassergekühlten Vorkammer-Dieselmotor. Dieses Aggregat sollte sowohl in der beabsichtigten Traktorenfertigung als auch im Lastwagenbau Verwendung finden. Heraus kam die sehr brauchbare, unter der Baureihenbezeichnung 13 bekannt gewordene, nach dem Baukastensystem entworfene Motorenfamilie. 1952 gelangte die unter der Typenbezeichnung WD 413 t geführte Vierzylinderausführung dieses Aggregats in dem Dieselschlepper des Typs 280 zum Einbau, der damals über die mehr als beachtliche Motorleistung von 60 PS verfügte. Es war damit nicht nur das stärkste Traktormodell dieses Herstellers, auch europaweit nahm das Fahrzeug eine absolute Spitzenstellung ein. Werksseitig sprach man von ihm als dem König unter den Traktoren, womit man sicherlich nicht übertrieben hatte, denn dieser mehr als 3 Tonnen schwere Gigant hielt durchaus, was die Werbung versprach. War schon der Typ 280 mit seinen 60 PS zur damaligen Zeit ein ungemein starker Traktor, so stellte das seit 1958 angebotene Nachfolgemodell 280 a mit 68 PS ihn noch in den Schatten. Mit dieser durch eine geringe Drehzahlerhöhung erreichten Motorleistung des Vierzylinders WD 413 u war er der stärkste Traktor innerhalb der Motorenbaureihe 13 und blieb zumindest im europäischen Raum eins der größten Fahrzeuge. Mit diesem verstärkten Modell entsprachen die Steyr-Werke den Anforderungen der sich ständig fortentwickelnden Landmaschinentechnik. Abgesehen von wenigen Details war er äußerlich von seinem Vorgänger kaum zu unterscheiden. Wahlweise konnte der Kraftprotz mit sieben oder zehn Vorwärtsgängen mit einer Höchstgeschwindigkeit von bis zu 27,4 km/h geliefert werden. Im Gegensatz zum Typ 280, für den als schwerer Zugschlepper keine Hydraulik geliefert werden konnte, erhielt der 280 a eine serienmäßige Dreipunkt-Regelhydraulik mit Bosch-Steuergerät nebst Motorzapfwelle und Zweifachkupplung. Sein Einsatz war ausschließlich in Großbetrieben mit weitläufigen, zusammenhängenden Anbauflächen wirtschaftlich rentabel. Ebenso erfolgreich bewährte sich der Typ 280 a als Zugmaschine mit Druckluftbremsanlage beim Ziehen schwerster Lasten im Straßen- und Werksverkehr. Dieses zu einem erheblichen Teil für den Export gebaute Traktormodell konnte sich bis 1972 erstaunlich lange in den Verkaufslisten halten. Mit zusammen fast 3000 gefertigten Einheiten war sein Bau auch wirtschaftlich sehr erfolgreich.

Bauzeit	1958–1972
Motor-Bauart	Vierzylinder/Reihe
Hubraum in ccm	5322
Leistung (PS/min)	68/1750
Leergewicht in kg	3100
Antriebsart	Hinterrad
Getriebe	7/1 oder 10/1

Deutz-Dieselschlepper D 80

Zu Beginn des Jahres 1964 waren die fortentwickelten Deutz-Motoren der luftgekühlten FL-812-Baureihe mit bis zu sechs Zylindereinheiten zur Serienreife gelangt. Anlässlich der DLG-Ausstellung 1964 in Hannover machte Deutz gleich die Probe aufs Exempel und präsentierten einen Traktor der Superlative. Es war das Modell D 80 mit Sechszylindermotor, das im Fachpublikum für beträchtliches Aufsehen sorgte. Zusammen mit dem Schlüter-Modell S 900 waren dies die ersten Traktoren mit Sechszylindermotoren aus deutscher Herstellung. Unter der langen, zweigeteilten Motorhaube dieses hinterradgetriebenen Großtraktors arbeitete der Wirbelkammer-Diesel F 6 L 812 mit 75 PS. Die Haube der späteren, ab August 1964 gefertigten Serienfahrzeuge war allerdings einteilig. Zum Einsatz kam das brandneue, erst seit Ende 1963 verfügbare ZF-Leichtschalt-Gruppengetriebe A 230 mit 8/4 Gängen. Ebenfalls von ZF stammte der mit Bosch-Pumpe ausgestattete Kraftheberblock mit 2200 kg Hubkraft. Serienmäßig war der D 80 mit einer durch Zweistufenpedal zu betätigenden Motorzapfwelle bestückt. Im Gegensatz zu den übrigen Mitgliedern der D-Modellreihe besaß dieser Traktor anstelle der gefederten Vorderachse eine siebenfach ausziehbare Teleskopachse. Für die damalige Zeit sehr ansehnlich war auch die Hinterradbereifung mit der Größe 18,4-34. Die gefertigten Stückzahlen waren – man sprach von rund 60 Einheiten – noch sehr klein, denn diese Baugröße war im Inland noch weitgehend unbekannt. Bereits im folgenden Jahr wurde der D 80 vom Typ D 8005 abgelöst, den es kurze Zeit später auch als Allradschlepper gab.

Bauzeit	1964
Motor-Bauart	Sechszylinder/Reihe
Hubraum in ccm	5100
Leistung (PS/min)	75/2300
Leergewicht in kg	3750
Antriebsart	Hinterrad
Getriebe	8/4

Deutz-Dieselschlepper F 4 L 514/5

Der ursprünglich 60 PS starke, seit 1951 im Deutz-Programm befindliche Vierzylindertraktor F 4 L 514/4 erfuhr im Jahr 1957 eine leistungsmäßige Aufwertung um fünf Pferdestärken. Diese erreichten die Deutz-Techniker durch Drehzahlanhebung sowie durch Verwendung einer neuen Kraftstoff-Förderpumpe. Daneben wurde das A 26-Getriebe nun auf sieben Vorwärtsgänge erweitert. Dieses gab es wahlweise als Standardgetriebe bis 20 km/h Höchstgeschwindigkeit oder in einer schnellen Bauausführung, mit der 28 km/h erreicht werden konnten. Auch der mittlerweile viel zu schwache Bosch-Kraftheber erfuhr in Anbetracht der immer schwerer werdenden Anhängegeräte eine erhebliche Hubkraftsteigerung von 1160 auf 1700 kg. Seit 1959 unterschied man die mit einem schnellen Getriebe und einer Getriebezapfwelle bestückte Variante NSK mit 65 PS und die Ausführung NKF mit Motorzapfwelle mit Zweistufenpedal und Standardgetriebe mit nur 60 PS. 1962 wurde die Frontpartie der Fahrzeuge den neu eingeführten Traktoren der D-Serie angeglichen. Diesem starken Deutz-Traktor konnte eine maximale Anhängelast von mehr als 30 t bedenkenlos zugemutet werden. Erst 1965 stellte man den Bau dieses noch aus den frühen 1950er Jahren stammenden Boliden zugunsten des Sechszylinderschleppers D 80 ein. So hatte sich der große Vierzylinder von Deutz, von dem insgesamt 7824 Einheiten die Fabrikationsbänder verlassen hatten, fast 14 Jahre nahezu unverändert im Programm halten können. 1958 kostete der grundausgerüstete 65-PS-Schlepper rund 19.000 Mark.

Bauzeit	1957–1965
Motor-Bauart	Vierzylinder/Reihe
Hubraum in ccm	5322
Leistung (PS/min)	65/1800
Leergewicht in kg	3025
Antriebsart	Hinterrad
Getriebe	7/2

Bauzeit	1963–1969
Motor-Bauart	Vierzylinder/Reihe
Hubraum in ccm	3927
Leistung (PS/min)	62/2000
Leergewicht in kg	2980
Antriebsart	Allrad
Getriebe	8/4

Eicher-Diesel-Allradschlepper Mammut II (EA 600)

Der Allradtraktor Mammut II EA 600 der Eicher-Traktorenwerke gehörte zu den zugstärksten Traktoren, die man Mitte der 1960er Jahre in der Bundesrepublik kaufen konnte. Seine Existenz verdankte dieses Fahrzeug wie einige Konkurrenz-Produkte der Tatsache, dass es der Zahnradfabrik Friedrichshafen gelungen war, die Allradvorderachse GLA 2550 zur Serienreife zu bringen. Um die stärker beanspruchte Vorderachse zu entlasten, rüstete Eicher das Fahrzeug mit einem verstärkten Achsbock aus. Auf Wunsch stand eine Hydroblocklenkung zur Verfügung, mit der sich die schwere Arbeitsmaschine gleichsam mit dem kleinen Finger dirigieren ließ. Der sehr tiefe Schwerpunkt verlieh dem Fahrzeug ein außergewöhnlich kräftiges und bulliges Erscheinungsbild. Es war nicht nur schwierigsten Geländeverhältnissen in der Landwirtschaft gewachsen, sondern auch als Forstschlepper bestens geeignet.

Bauzeit	1957–1962
Motor-Bauart	Vierzylinder/Reihe
Hubraum in ccm	5702
Leistung (PS/min)	60/1350
Leergewicht in kg	4420 – 5200
Antriebsart	Hinterrad
Getriebe	5/1

Hanomag-Dieselschlepper R 455 ATK

Neben der Kundschaft für landwirtschaftliche Ackerschlepper hatten die Hanomag-Werke auch jene im Blick, die besonders schwere Lasten im Straßen- oder Werksverkehr möglichst ruckfrei und schonend zu transportieren hatte. Vor allem der Luftverkehrs-Branche mangelte es an geeigneten schweren Zugmaschinen. Es galt, die immer größer werdenden Verkehrsmaschinen auf den Flugfeldern zu bewegen. Passend für solche Einsätze wurde auf Basis des schweren Hanomag-Radschleppers R 55 bereits 1952 eine geeignete Variante geschaffen. Diese Ausführung erhielt die Typenbezeichnung „R 55 ATK", wobei „R" für Radschlepper stand, die Zahl „55" für die Motorleistung in PS, das „A" für Luftbereifung und die Buchstaben „TK" für Turbokupplung, mit der in jedem Gang völlig ruckfrei angefahren werden konnte. Oftmals waren die Fahrzeuge mit Fronthydraulik und Benze-Plexiglashaube ausgerüstet.

Bauzeit	1960–1964
Motor-Bauart	Vierzylinder/Reihe
Hubraum in ccm	5702
Leistung (PS/min)	60/1350
Leergewicht in kg	3600
Antriebsart	Hinterrad
Getriebe	5/1 oder 10/2

Hanomag-Dieselschlepper R 460

Mit dem Modell R 460 erschien 1960 eine weiter verstärkte Ausführung des schweren Hanomag-Radschleppers auf dem Markt. Abgesehen von der Mehrleistung von fünf PS waren die Gangstufen vier und fünf nun in Klauenschaltung ausgeführt sowie der Radstand verlängert. Das Getriebe gab es sowohl als zur Sonderausstattung zählendes Untersetzergetriebe, als auch in einer bis maximal 30 km/h schnellen Bauausführung. Abgesehen von der jetzt installierten neuen Hanomag-Pilot-Regelhydraulik entsprach das Fahrzeug fast in allen Punkten dem Vormodell R 455. Dieser schwere Radschlepper wurde überwiegend mit Motorzapfwelle und Zweifachkupplung verlangt. Daneben gab es die Ausführung R 460 S als Straßenvariante ohne Kraftheber, aber mit schnellem Getriebe und Druckluftbremsanlage.

Bauzeit	1955–1962
Motor-Bauart	Einzylinder
Hubraum in ccm	7372
Leistung (PS/min)	60/800
Leergewicht in kg	3920
Antriebsart	Hinterrad
Getriebe	9/3

Lanz-Bulldog D 6016

Unter der Typenbezeichnung D 6016 wurde bei den Mannheimer Heinrich Lanz-Werken die Kriechgangausführung des 60-PS-Halbdieselmodells D 6006 geführt. Diese mit einem 9/3-Getriebe ausgerüstete Bauvariante wurde hauptsächlich im Inland verlangt und war serienmäßig mit Motorzapfwelle und Doppelkupplung sowie einem hydraulischen Dreipunkt-Kraftheber bestückt. Mit 3615 kg Zughakenkraft war dieser große Einzylinder ungeheuer stark. Im Marburger Schleppertest wurde für den Typ D 6016 die beachtliche Dauerleistung von 66,1 PS ermittelt. Dies war ein weiterer Beweis dafür, dass die Lanz-Motoren durchweg mehr hergaben, als auf dem Typenschild vermittelt wurde. Es war ein unverwüstlicher und robuster Großschlepper für ebensolche Betriebsgrößen, wo eine hohe Flächenleistung verlangt wurde.

Bauzeit	1959–1960
Motor-Bauart	Vierzylinder/Reihe
Hubraum in ccm	3927
Leistung (PS/min)	60/1900
Leergewicht in kg	3360
Antriebsart	Allrad
Getriebe	7/1 oder 10/2

MAN-Diesel-Allradschlepper 4 T 1

Der stärkste MAN-Serienschlepper war der in nur neun Exemplaren gefertigte 4 T 1. Es war eine außerordentlich starke Arbeitsmaschine mit 60 PS und einer Zughakenkraft von 4320 kg, die ausschließlich für Großbetriebe mit ungünstigen Bodenverhältnissen, überdurchschnittlich großen Flächen oder für den Forsteinsatz gedacht war. Druckluftbremsanlage, 6-t-Seilwinde und sogar ein Mähwerk als nicht gerade typisches Bauteil für ein Fahrzeug dieser Größenordnung fanden sich im Zubehörprogramm. Als Getriebe diente das siebengängige ZF A 20/28, das mit einer Vorschaltgruppe mit drei Superkriechgängen ausgerüstet werden konnte. Achsrohre und Antriebswellen waren bei diesem Modell wesentlich verstärkt und der höheren Leistung angepasst. Leider blieb die Nachfrage – auch im Exportbereich – überaus gering.

Bauzeit	1962–1963
Motor-Bauart	Dreizylinder/Reihe
Hubraum in ccm	4830
Leistung (PS/min)	60/1800
Leergewicht in kg	3380
Antriebsart	Hinterrad
Getriebe	5/2 oder 7/2

Schlüter-Dieselschlepper S 60

Die Freisinger Schlüter-Traktorenwerke waren seit jeher bekannt für ihre soliden und sehr robusten Schlepper, die ihre motorische Kraft stets aus großen Hubräumen bezogen. Bei den ausgesprochenen Spitzenmodellen war Ende der 1950er Jahre der Markt noch kaum entwickelt und die Nachfrage entsprechend gering. Zu dieser Fahrzeugklasse zählte das 1962 vorgestellt Modell S 60 – ein mit 60 PS starkem Dreizylinder-Direkteinspritz-Diesel ausgerüsteter unbändig zugkräftiger Bolide. Der Großschlepper verfügte über ein ZF-Fünfganggetriebe, das durch eine Kriechganggruppe erweitert werden konnte und überdies in einer schnellen und einer langsamen Ausführung lieferbar war. Motorzapfwelle sowie ein hydraulischer Dreipunkt-Kraftheber waren serienmäßig. Leider konnten nur 15 Fahrzeuge verkauft werden, sodass der S 60 nach nur zehn Monaten gestrichen wurde.

Bauzeit	1958–1964
Motor-Bauart	Vierzylinder/Reihe
Hubraum in ccm	3335
Leistung (PS/min)	58/2000
Leergewicht in kg	2075
Antriebsart	Hinterrad
Getriebe	6/2 oder 12/4

Massey-Ferguson-Dieselschlepper MF 65

Im Jahr 1958 erschien mit dem Modell 65 erstmals ein leistungsstarker MF-Schlepper, der in Konkurrenz zu den Ford- und IHC-Modellen treten konnte. Es war ein Fahrzeug, das auch für größere landwirtschaftliche Betriebe eine Alternative darstellte. Es handelte sich um ein Modell der Spitzenklasse und übertraf den zeitgenössischen technischen Standard. Von zunächst 48 PS stieg die Motorleistung in mehreren Sprüngen schließlich bis auf 58 PS. Anfangs wurde der Vierzylinder-Wirbelkammer-Perkins-Diesel 4 A 2-192 verwendet, der 1961 dem Direkteinspritzer 4 A 203-D wich. Auch der MF 65 war mit der überlegene Ferguson-Regelhydraulik ausgerüstet und ließ sich auf Wunsch mit einem Frontlader mit 900 kg Hubkraft ausrüsten.

Bauzeit	1956–1959
Motor-Bauart	Dreizylinder/Reihe
Hubraum in ccm	4830
Leistung (PS/min)	55/1650
Leergewicht in kg	3200
Antriebsart	Hinterrad
Getriebe	5/1 oder 7/1

Schlüter-Dieselschlepper AS 55

Mit ganzen zwölf gebauten Einheiten zählt das Modell AS 55 von Schlüter zu den ausgewiesenen Schlepperraritäten. War schon der AS 45 ein sehr starker Traktor für den Großbetrieb, übertraf der AS 55 ihn noch um zehn Pferdestärken. Daher ist die Schlüter-Prospektaussage „für schwersten Zug" keinesfalls übertrieben. Hinsichtlich Abmessungen und Gewicht übertraf er den AS 45 geringfügig. Die Getriebezapfwelle gab es serienmäßig, während die für diese Leistungsgröße geeignetere Motorzapfwelle gegen Aufpreis geliefert werden konnte. Zum Sonderzubehör zählten auch Riemenscheibe, Frontlader, Seilwinde, Druckluftbremsanlage, Stahlverdeck mit Windschutzscheibe, Dreipunktkraftheber und Luftkompressor. Mit 15.950 Mark, die der Kunde für ein Fahrzeug in der Grundausrüstung zu zahlen hatte, war es sehr günstig.

Bauzeit	1958–1967
Motor-Bauart	Dreizylinder/Reihe
Hubraum in ccm	3991
Leistung (PS/min)	55/1850
Leergewicht in kg	2700
Antriebsart	Hinterrad
Getriebe	6/1, 7/1 oder 9/2

Steyr-Dieselschlepper 185 A

Aus dem seit 1955 angebotenen Traktormodell 185 der Steyr-Werke entstand ab 1958 der überarbeitete und mit 55 PS und zehn PS stärkere Typ 185 a. Mit dieser Maßnahme wurde dem gestiegenen Leistungsbedarf in der Landwirtschaft Rechnung getragen. Angetrieben wurde der Traktor vom drehzahlgesteigerten Dreizylinder-Vorkammer-Dieselmotor WD 313 a. Dies war ein weiteres Aggregat aus der bewährten Motorenbaureihe 13. Serienmäßig wurde der Typ 185 a zwar mit einer Getriebezapfwelle ausgeliefert, in der Praxis aber wurde fast stets eine Motorzapfwelle mit Doppelkupplung gewählt. Auf Wunsch stand für diesen zugstarken Schlepper ein hydraulischer Steyr-Kraftheber zur Verfügung. Das in 1950 Einheiten gebaute Fahrzeug war zuverlässig, beliebt und hielt sich verhältnismäßig lange im Verkaufsprogramm.

Bauzeit	1955–1958
Motor-Bauart	Vierzylinder/Reihe
Hubraum in ccm	5702
Leistung (PS/min)	55/1300
Leergewicht in kg	3470
Antriebsart	Hinterrad
Getriebe	10/2

Hanomag-Dieselschlepper R 55 bzw. R 455

Im Jahr 1955 entsprachen die Hanomag-Werke dem vielfach im Exportgeschäft geäußerten Kundenwunsch nach einem noch stärkeren Radschlepper, als es der R 45 schon war. Das neue Fahrzeug lief unter der Typenbezeichnung R 55 und war – bis auf die um zehn PS höhere Motorleistung – mit dem weiterhin angebotenen R 45 technisch fast identisch. Der niedrig drehende und daher verhältnismäßig wenig belastete Motor war bekannt für sein beachtliches Drehmoment. Das Getriebe bestand aus zwei Schaltgruppen mit insgesamt zehn Vorwärtsgängen. Seilwinde, hydraulischer Kraftheber mit 1400 kg Hubkraft, Frontlader, Motorzapfwelle und Druckluftbremsanlage waren häufig gewähltes Sonderzubehör. Nach Einführung der neuen dreistelligen Typenbezeichnungen im Jahr 1957 wurde aus dem R 55 der R 455.

Bauzeit	1962–1964
Motor-Bauart	Vierzylinder/Reihe
Hubraum in ccm	3400
Leistung (PS/min)	52/2300
Leergewicht in kg	2450
Antriebsart	Hinterrad
Getriebe	8/4

Deutz-Dieselschlepper D 50.1 S

Mit Bau des Ackerschleppers D 50.1 S wurde bei Deutz das hochmoderne ZF-Gruppenschaltgetriebe A 216 verwendet. Diese Ausführung funktionierte mit Bolzenschaltung und war für die Baugröße mit 52 PS Eingangsleistung gut geeignet. Gegenüber dem Vormodell wurde die von ZF-Bosch bezogene Hydraulikanlage auf 1650 kg Mindesthubkraft verstärkt. Eine sehr bedeutsame Neuerung war die nach dem Deutz-Transfermatic-System arbeitende Regelhydraulik. Neben der Übertragung zusätzlicher Kräfte auf die Schlepperhinterachse konnte der Fahrer Arbeitstiefe und -höhe der Geräte vorwählen, die dann automatisch eingehalten wurde. In Anbetracht des zunehmenden Arbeitskräftemangels in der Landwirtschaft bedeutete die Regelhydraulik eine große Arbeitserleichterung für den Landwirt.

Bauzeit	1960–1964
Motor-Bauart	Vierzylinder/Reihe
Hubraum in ccm	3610
Leistung (PS/min)	52/1650
Leergewicht in kg	2475
Antriebsart	Hinterrad
Getriebe	6/2

Fordson-Dieselschlepper Super Major

Im Jahr 1960 trat bei den Ford-Werken der Dieselschlepper Super Major die Nachfolge des Modells Power Major an. Der starke und sehr robuste Traktor erfreute sich von Anfang an großer Beliebtheit. Allein im Jahr 1959 liefen 43.435 Traktoren dieses Modells von den Fabrikationsbändern im englischen Dagenham. Mit diesem Modell gelang es diesem Hersteller, auch auf dem deutschen Markt Fuß zu fassen und sich langsam aber sicher zu einem ernstzunehmenden Konkurrenten zu entwickeln. Im Grundpreis von rund 14.000 Mark waren Getriebezapfwelle und Regelhydraulik enthalten, was den Schlepper konkurrenzlos günstig machte. Der modern konzipierte Super Major eignete sich vorzüglich für schwierigere Einsatzverhältnisse und vereinte dabei aktuelles Styling mit attraktiven technischen Leistungsmerkmalen. Hierzu zählte auch das gut zu schaltende Sechsgang-Gruppengetriebe mit zwei Übersetzungsebenen.

Bauzeit	1957–1959
Motor-Bauart	Dreizylinder/Reihe
Hubraum in ccm	4671
Leistung (PS/min)	50/1450
Leergewicht in kg	3075
Antriebsart	Hinterrad
Getriebe	7/1

Eicher-Dieselschlepper ED 50

Nach dem noch stärkeren Modell ED 60 erschien 1957 der Typ ED 50 als zweiter Eicher-Schlepper mit eigenem Dreizylindermotor. Er unterschied sich vom ED 60 hauptsächlich durch kleinere Motorleistung und ein etwas schwächeres Getriebe. Mit diesem starken Schlepper war Eichers Fahrzeugangebot komplett und umfasste den – mittlerweile ausnahmslos mit eigenen Antriebseinheiten bestückten – Leistungsbereich von 13 bis 60 PS. Der ED 50 war für schwerste Arbeiten in Feld und Forst uneingeschränkt geeignet und gehörte leistungsmäßig zur Spitzengruppe auf dem damaligen deutschen Schleppermarkt. Aufgrund seiner Baugröße fand der in nur 46 Einheiten gebaute Traktor ausschließlich in Großbetrieben und im Forsteinsatz wirtschaftliche Einsatzmöglichkeiten. Bei der Bearbeitung großer, zusammenhängender Flächen konnte er sein außergewöhnliches Leistungsvermögen richtig entfalten.

Bauzeit	1955–1960
Motor-Bauart	Dreizylinder/Reihe
Hubraum in ccm	3990
Leistung (PS/min)	50/1800
Leergewicht in kg	2820
Antriebsart	Hinterrad
Getriebe	5/1

Fahr-Dieselschlepper D 400 A

Seit 1955 befand sich im Verkaufsprogramm der Fahr-Werke ein unter der Typenbezeichnung D 400 geführter schwerer Schlepper. Dieses Fahrzeug besaß einen luftgekühlten Dreizylinder-Wirbelkammer-Dieselmotor von Deutz und wurde in verschiedenen Bauvarianten angeboten. Darunter befand sich auch die Exportvariante D 400 B, von der innerhalb von sechs Jahren genau 1878 Exemplare in alle Welt verkauft wurden. Dieses Fahrzeug besaß eine in Deutschland nicht zugelassene verlängerte Steckachse mit in der Spurweite weit verschiebbaren Hinterrädern. Das Fünfganggetriebe war entweder in einer Standardausführung mit 20,8 km/h Maximalgeschwindigkeit oder in einer bis zu 29,5 km/h schnellen Bauvariante lieferbar. Die für den deutschen Markt wichtigen Ausführung D 400 A entsprach bis auf die erwähnten Änderungen der Variante D 400 B.

Bauzeit	1963–1969
Motor-Bauart	Vierzylinder/Reihe
Hubraum in ccm	3140
Leistung (PS/min)	50/2300
Leergewicht in kg	2865
Antriebsart	Allrad
Getriebe	8/4

Güldner-Diesel-Allradschlepper G 50 A

Neben einem Hinterradschlepper boten die Aschaffenburger Güldner-Werke das Modell G 50 auch mit Allradantrieb an. ZF stellte die Fronttriebachse des Baumusters GLA 2550 zur Verfügung. Der 50 PS starke Vierzylinder-Wirbelkammer-Diesel war mit dem auch in einer Schnellgangausführung lieferbaren ZF-Leichtschaltgetriebe A 216 zu einem selbsttragenden Block zusammengefügt. Dieser leistungsstarke Allradschlepper zählte zur Zeit seines Erscheinens bereits zu den Modellen der Oberklasse. Sein Einsatzbereich waren großflächige landwirtschaftliche Betriebe sowie schwere Untergründe und ungünstige topografische Bodenverhältnisse. Seine serienmäßige Ausrüstung entsprach dem Standard seiner Klasse mit Dreipunkt-Regelhydraulik-Kraftheber sowie Motorzapfwelle mit Zweifachkupplung.

Bauzeit	1960–1962
Motor-Bauart	Vierzylinder/Reihe
Hubraum in ccm	2799
Leistung (PS/min)	50/1900
Leergewicht in kg	2350
Antriebsart	Hinterrad
Getriebe	5/1 oder 10/2

Hanomag-Dieselschlepper R 442/50 Robust

Schon seit jeher waren die Hanomag-Werke ein sehr exportorientiertes Unternehmen, wobei die Exportfahrzeuge traditionell in roter Lackierung ausgeliefert wurden. Die Farbe der Felgen war von Land zu Land unterschiedlich. So waren die der nach Belgien gelieferten Fahrzeuge dunkelgelb lackiert. Das Hanomag-Modell R 442/50 Robust wurde zeitgleich mit dem Typ R 442 Brillant ab Oktober 1960 ausgeliefert. Mit dem Robust bot die Hanomag ihren Kunden gleichsam zwei Schlepper in einem an, denn mit Hilfe eines mechanischen Roots-Gebläses konnte die Leistung durch einfaches Umschalten vom Fahrersitz aus von 42 auf 50 PS gesteigert werden. Dadurch konnte der R 442/50, wenn es sein musste, auch schwere Zapfwellengeräten wie gezogene Mähdrescher und Vollerntemaschinen bewältigen.

Bauzeit	1963–1965
Motor-Bauart	Vierzylinder/Reihe
Hubraum in ccm	3080
Leistung (PS/min)	50/2100
Leergewicht in kg	2520
Antriebsart	Hinterrad
Getriebe	10/2

IHC-Dieselschlepper D 514

Zu Beginn der 1960er Jahre fehlte bei International Harvester ein starker Schlepper für Großbetriebe. Das amtierende Flaggschiff war mit 36 PS zu schwach, um die auf großen Höfen anfallenden schweren Arbeiten zuverlässig und zufriedenstellend bewältigen zu können. Da kurzfristig kein neukonstruiertes Fahrzeug in Sicht war, entschloss sich die Geschäftsführung, einen adäquaten und modernen International-Dieselschlepper aus den USA zu importieren. Ausgerüstet war der Traktor mit einer Regelhydraulik mit Oberlenkersteuerung und einer Motorzapfwelle mit Doppelkupplung. Obwohl dieses Fahrzeug in technischer Hinsicht den inländischen Vorschriften angepasst wurde, blieb der als D 514 geführte Traktor eine aus der Not geborene Zwischenlösung, deren Verkaufserfolg sich mit 1199 Einheiten in Grenzen hielt.

Bauzeit	1955–1958
Motor-Bauart	Einzylinder
Hubraum in ccm	7372
Leistung (PS/min)	50/650
Leergewicht in kg	3230
Antriebsart	Hinterrad
Getriebe	6/2

Lanz-Bulldog D 5006, 50 PS Typ HR

Mit den seit 1955 vorgestellten schweren Halbdiesel-Bulldogs konnte Lanz endlich einen vollwertigen Ersatz für die mittlerweile hoffnungslos veralteten Glühkopf-Maschinen in dieser Klasse ins Feld führen. Erst recht spät reagierte das Werk auf die Erfordernisse des Marktes und stellte die ersten Halbdiesel-Modelle vor. Zunächst waren es Übergangstypen oder von Glühkopf- auf Halbdieseltechnik umgebaute Maschinen. Gegen Mitte des Jahres 1955 erfolgte die Umstellung auf die endgültigen Typen. Die 50-PS-Maschine D 5006 war mit dem normalen Sechsganggetriebe und einer Getriebezapfwelle ausgerüstet. Es war ein starker Zugschlepper, der als Ersatz für den 45-PS-Glühkopfbulldog D 9506 antrat. Sein Einsatzfeld waren Großbetriebe, aber auch Lohnunternehmer und Forstbetriebe. Leistungsmäßig gehörte er zur damaligen Spitzengruppe.

Bauzeit	1955–1962
Motor-Bauart	Einzylinder
Hubraum in ccm	7372
Leistung (PS/min)	50/650
Leergewicht in kg	3520
Antriebsart	Hinterrad
Getriebe	9/3

Lanz-Bulldog D 5016, 50 PS Typ HR

Der Halbdiesel-Bulldog D 5016 von Lanz war das 50-PS-Modell, das mit einer zusätzlichen Kriechganggruppe ausgerüstet war. Obwohl die neuen Halbdiesel-Modelle äußerlich erheblich von den alten Glühköpfen abwichen, konnte man an einigen charakteristischen Merkmalen auf den ersten Blick erkennen, dass es sich um Fahrzeuge des Bulldog-Herstellers Heinrich Lanz handelte. Die mehrteilige, glatte Motorhaube schloss direkt an Spritzwand und Hinterradkotflügel an und bildete damit eine sehr harmonische Gesamtlinie. Rein äußerlich waren die beiden 50-PS-Ausführungen weder voneinander zu unterscheiden noch von den stärkeren 60 PS-Typen, sofern die Leistung sich nicht an der Haubenfront oder am Typenschild ablesen ließ. Die Kriechgangausführung wurde überwiegend auf dem Inlandsmarkt verkauft.

Bauzeit	1957–1960
Motor-Bauart	Vierzylinder/Reihe
Hubraum in ccm	3927
Leistung (PS/min)	50/1900
Leergewicht in kg	3260
Antriebsart	Allrad
Getriebe	7/1 oder 9/2

MAN-Diesel-Allradschlepper 4 S 2

Ab 1957 stand für die schweren 50-PS-Traktoren von MAN ein hubraumstärkerer Vierzylinder-M-Motor zur Verfügung. Dieses Aggregat machte den schon vorher kräftigen 4 S 2 noch leistungsfähiger. Nicht nur die Antriebstechnik, sondern auch das Getriebe entsprachen technisch dem allerneusten Entwicklungsstand. Es handelte sich um ein erst kurz zuvor von der Zahnradfabrik Friedrichshafen neu auf den Markt gebrachtes ZF-Siebengang-Getriebe mit Klauenschaltung. Das Leichtschaltgetriebe war damals eine echte Neuheit und wurde von MAN als erstem Hersteller auch im Traktorenbau verwendet. Mit der Klauenschalttechnik waren die Getriebe leichter zu schalten, da beim Einlegen der Gänge nun nicht mehr die gesamten Zahnräder verschoben werden mussten, sondern die benötigten Zahnräder durch kleine Schaltstifte verbunden wurden.

Bauzeit	1958–1960
Motor-Bauart	Vierzylinder/Reihe
Hubraum in ccm	3289
Leistung (PS/min)	50/2100
Leergewicht in kg	2450
Antriebsart	Hinterrad
Getriebe	7/1

Porsche-Dieselschlepper Master N 408

Das Porsche-Modell Master war der Nachfolger des Typs P 144, der bereits seit 1953 von der Firma Allgaier vertrieben wurde. Die Motorleistung stieg bei diesem ab Frühjahr 1958 lieferbaren Traktor von 44 auf 50 PS. Ferner wurde das bislang verwendete ZF-Sechsganggetriebe gegen ein solches mit sieben Vorwärtsgängen ersetzt. Da die serienmäßige Ausrüstung mit einer Motorzapfwelle vorgesehen war, musste zur Unterbringung der Doppelkupplung das Kupplungsgehäuse zwischen Motor und Getriebe verlängert werden. So wuchs der Radstand des Schleppers beträchtlich. Eine gleichfalls serienmäßig vorhandene Voith-Strömungskupplung sorgte für ruckfreies und weiches Anfahren in jedem Gang und verhinderte das Abwürgen des Motors. Der Master war das stärkste Fahrzeug von Porsche-Diesel und mit einer ansehnlichen Palette von Zusatzausrüstungen erhältlich.

Bauzeit	1962
Motor-Bauart	Vierzylinder/Reihe
Hubraum in ccm	3140
Leistung (PS/min)	48/2200
Leergewicht in kg	2960
Antriebsart	Allrad
Getriebe	8/4

Güldner-Diesel-Allradschlepper G 50 Gotland

Die noch während der Kooperationszeit mit dem Traktorhersteller Fahr von den Güldner-Werken entwickelte und nach dem Baukastensystem entworfene luftgekühlte Motorenreihe L 79 war gerade serienreif geworden, als Fahr auf Veranlassung von Deutz die Zusammenarbeit beenden musste. So konnten die Übergangsmodelle sogleich mit den neuen Aggregaten bestückt werden. Der Typ Gotland, ein starker Schlepper mit 48 PS, hatte einen Vierzylindermotor, der mit einem ZF-Gruppenschaltgetriebe verbunden war. Dieses gab es in Standardausführung oder mit einer schnellen Übersetzung. Vor allem die sehr ansprechende leuchtendrote Lackierung und die zeitlos schöne Motorhaube mit ihrem markanten Kühlerlüftungsgitter wussten zu gefallen. Die Motorzapfwelle war serienmäßig eingebaut, während die Güldner-Bosch-Regelhydraulik gesondert berechnet wurde.

Bauzeit	1958
Motor-Bauart	Vierzylinder/Reihe
Hubraum in ccm	3620
Leistung (PS/min)	48/2000
Leergewicht in kg	3000
Antriebsart	Hinterrad
Getriebe	7/2

Primus-Dieselschlepper PD 4 L

Obwohl der PD 3 allgemein als der stärkste auf dem Inlandsmarkt angebotene Schlepper der Miesbacher Primus-Werke galt, gab es verschiedentlich Ausnahmen. Zu diesen wenigen zählte der 1958 speziell für das Schaustellergewerbe gefertigte Typ PD 4 L. In diesen schweren Schleppern kam ein luftgekühlter Vierzylinder-Direkteinspritz-Dieselmotor des MWM-Baumusters AKD 112 V zum Einsatz. Als Getriebe diente das ZF-Baumuster A-23, das über sieben Vorwärts- und zwei Rückwärtsgänge verfügte und für eine Maximalgeschwindigkeit von mehr als 30 km/h ausgelegt war. Dieser sehr zugstarke Schlepper verfügte über eine doppelquerblattgefederte Vorderachse, eine Doppelsitzbank sowie über eine Druckluftbremsanlage zur Anhängerbremsung. Es handelte sich um ein Sondermodell, das allenfalls in ganz geringen Stückzahlen gefertigt worden ist.

Bauzeit	1960–1963
Motor-Bauart	Zweizylinder/Reihe
Hubraum in ccm	3280
Leistung (PS/min)	46/2000
Leergewicht in kg	2369
Antriebsart	Hinterrad
Getriebe	10/2

IFA-Radschlepper RS 14/46 Famulus 46

Nach dem Auslaufen des Traktormodells „Harz“ fehlte in der DDR-Landwirtschaft weiterhin ein zugkräftiger Ackerschlepper für die Bewirtschaftung der großen Anbauflächen. Diese waren durch den mehr oder weniger zwangsweisen Zusammenschluss der meisten Bauern in Landwirtschaftliche Produktionsgenossenschaften (LPG) entstanden. Da man auf einen ursprünglich nur für 30 PS bei 1500/min ausgelegten Zweizylinder-Wirbelkammermotor angewiesen war, wurde dieser auf 2000 Touren hochgetrieben, was einer Motorleistung von 46 PS entsprach. Damit aber war die Antriebseinheit thermisch stark überlastet, was sich in einer erhöhten Ausfallquote niederschlug. Daher musste die Drehzahl des in den RS 14/46 Famulus 46-Schlepper eingebauten Motors wieder herabgesetzt werden.

Bauzeit	1959–1963
Motor-Bauart	Dreizylinder/Reihe
Hubraum in ccm	3120
Leistung (PS/min)	46/2100
Leergewicht in kg	2465
Antriebsart	Hinterrad
Getriebe	10/2

Fendt-Dieselschlepper Favorit 2 (FW 150)

Bereits ein Jahr nach dem erfolgreichen Start der Fendt-Großtraktoren-Baureihe Favorit wurde mit dem Favorit 2 ein stärkeres Modell herausgebracht. Es war das damalige Spitzenmodell, dessen Dreizylinder-MWM-Diesel eine Leistung von 46 PS zur Verfügung stellte. Ein neuentwickeltes, sehr robust konstruiertes Halbsynchrongetriebe bot zehn Vorwärts- und zwei Rückwärtsgänge. Angeboten wurde es in einer Standardausführung bis 20 km/h sowie als schnelles Getriebe bis 30 km/h Höchstgeschwindigkeit. Die Dreipunkt-Fendt-Blockhydraulik der Kategorie II besaß ein Steuergerät mit automatischer Überdruck-Abschaltung, eine Einrichtung zum langsamen Senken, eine Umschalteinrichtung für Kraftheber und Frontlader sowie das Fendt-Hydro-Drucksystem zur Steigerung des auf der Hinterachse lastenden Drucks. 15.995 Mark kostete der Traktor in der Grundausrüstung.

Bauzeit	1960–1962
Motor-Bauart	Vierzylinder/Reihe
Hubraum in ccm	3400
Leistung (PS/min)	46/2100
Leergewicht in kg	2125
Antriebsart	Hinterrad
Getriebe	7/3

Deutz-Dieselschlepper D 50

Beim 1960 vorgestellten Deutz-Modell D 50 handelte es sich um einen leistungsstarken Zug- und Arbeitsschlepper, der hauptsächliche für größere Betriebe vorgesehen war. Insgesamt war das Fahrzeug zwar gut gelungen und bewährte sich ausgezeichnet. Es litt jedoch unter dem noch vom Deutz-Schlepper F 2 L 514/6 mit 34 PS stammenden Schaltgetriebe, das nun mit 46 PS belastet und zu schwach war, um seiner Aufgabe gerecht zu werden. Werksseitig waren eine Motorzapfwelle mit Doppelkupplung sowie eine leistungsfähige Dreipunkt-Hydraulik mit 1350 kg Hubkraft eingebaut. Zur Sonderausrüstung zählten ein Baas-Frontlader der Größe III mit 700 kg Nutzlast sowie das Fritzmeier-Allwetterverdeck M 210. Der Fahrerraum ließ sich gar mit einer Heizungsanlage ausstatten. Für Holzrückearbeiten im Forsteinsatz stand eine Sechstonnen-Seilwinde zur Verfügung.

Bauzeit	1962–1964
Motor-Bauart	Dreizylinder/Reihe
Hubraum in ccm	4275
Leistung (PS/min)	45/1500
Leergewicht in kg	2250
Antriebsart	Hinterrad
Getriebe	8/4

Eicher-Dieselschlepper Mammut (ED 500)

1962 wurde das seit 1959 im Programm der Eicher-Werke geführte Modell Mammut (ED 310) konstruktiv aufgefrischt. Obwohl bereits ein Vierzylinder aus der EDK-Motorbaureihe zur Verfügung stand, wurde die Mischung aus modernem Getriebe und altem ED-Motor mit unveränderter Leistung noch einmal aufgelegt. Die so überarbeitete Version hieß ED 500 und zeichnete sich durch das zum Typ A 216 II weiterentwickelte ZF-Getriebe aus, das es nun in einer schnellen Variante gab, sowie durch den Kraftheber, der mit einer auf 1200 kg gesteigerten Hubkraft nun in Regelhydraulikausführung lieferbar war. Die Blockhydraulik, die den Anschluss eines Frontladers der Größe III oder zusätzlicher Arbeitszylinder zuließ, machte den Mammut zu einer sehr leistungsfähigen Arbeitsmaschine für den Großbetrieb.

Bauzeit	1956–1958
Motor-Bauart	Dreizylinder/Reihe
Hubraum in ccm	3990
Leistung (PS/min)	45/1650
Leergewicht in kg	2600
Antriebsart	Hinterrad
Getriebe	7/2

Deutz-Dieselschlepper F 3 L 514/6

Der seit 1951 angebotene Dreizylindertraktor von Deutz entwickelte sich absatzmäßig zu einem ausgesprochenen Dauerbrenner. Lediglich das mittlerweile mehr als 20 Jahre alte Getriebe stieß durch die ständig angehobene Leistung an die Grenze der zumutbaren Belastbarkeit. Das ursprünglich auf 28 PS ausgelegte Zahnradwerk musste nun 45 PS verkraften. 1956 entschied sich Deutz, den Austausch gegen ein besser geeignetes ZF-Siebenganggetriebe vorzunehmen. Das Fahrzeug wurde seither als F 3 L 514/6 bezeichnet. Wiederum gab es für diesen fast stets mit einer Motorzapfwelle ausgerüsteten 45-PS-Traktor eine Standardausführung mit 20 km/h Maximalgeschwindigkeit sowie eine Schnellgangvariante, die den Schlepper fast 30 km/h erreichen ließ. Die Anhängelast betrug im fünften Gang auf ebener Straße 25 Tonnen; der Preis belief sich auf 14.790 Mark.

Bauzeit	1960–1965
Motor-Bauart	Dreizylinder/Reihe
Hubraum in ccm	3246
Leistung (PS/min)	45/2000
Leergewicht in kg	2160
Antriebsart	Hinterrad
Getriebe	6/2

Hela-Dieselschlepper D 45

Mit dem ab 1960 lieferbaren Modell D 45 verfügten die Aulendorfer Hermann-Lanz-Werke über einen leistungsstarken Vollernteschlepper der schweren Klasse. Es war zugleich das stärkste Modell im neuen Hela-Bauprogramm und blieb es auch bis Mitte der 1960er Jahre. Unter der langgestreckten Haube wirkte ein Dreizylinder-Diesel aus eigener Herstellung. Abgesehen von der Baugröße unterschied er sich äußerlich nur wenig von seinem schwächeren Bruder, dem Typ D 38. Ähnlich verhielt es sich mit der Ausrüstung, die bei beiden Fahrzeugen fast identisch war. Lediglich die Motorzapfwelle war jetzt serienmäßiger Bestandteil. Der D 45 war ein gut durchdachtes, technisch ausgereiftes Fahrzeug, das überdies in der bekannt ausgezeichneten Verarbeitungsqualität dieses Herstellers bereitgestellt wurde. 116 Fahrzeuge verließen die Werkstore, wovon die Mehrzahl exportiert wurde.

Bauzeit	1953–1958
Motor-Bauart	Vierzylinder/Reihe
Hubraum in ccm	3610
Leistung (PS/min)	45/1600
Leergewicht in kg	2275
Antriebsart	Hinterrad
Getriebe	6/1

Fordson-Dieselschlepper New Major

Trotz seines großen Verkaufserfolgs war der seit 1945 angebotene Fordson E 27 N nur als Übergangsmodell anzusehen, um Fabrikation und Verkauf in Gang zu halten. Gegen Ende des Jahres 1951 wurde das Modell New Major als komplett neu konstruiertes Fahrzeug vorgestellt. Das neue, hellblau lackierte Fahrzeug mit orangefarbenen Felgen hatte kaum noch etwas mit den früheren Fordson-Typen gemeinsam und konnte sich auch technisch sehen lassen. Entsprechend groß war die Nachfrage. Der Serienbau des in einer Vergaser- und einer Dieselversion angebotenen Schleppers begann im folgenden Jahr. Schon bald startete der unaufhaltsame Siegeszug des Dieselmotors und am Ende seiner Produktionszeit entschieden sich mehr als 90 Prozent der Kunden für die wirtschaftlichere Dieselvariante. Anfangs leistete der Vierzylinder-Diesel 39, seit 1953 stieg die Leistung auf 45 PS.

Bauzeit	1955–1956
Motor-Bauart	Vierzylinder/Reihe
Hubraum in ccm	3180
Leistung (PS/min)	45/2000
Leergewicht in kg	2560
Antriebsart	Allrad
Getriebe	7/1

MAN-Diesel-Allradschlepper B 45 A

Seit den frühen 1950er Jahren wurden alle Schlepperhersteller von der Kundschaft genötigt, immer leistungsstärkere Fahrzeuge bereitzustellen. So kam auch die MAN nicht umhin, diesen Wünschen stattzugeben. Unter Verwendung eines neuen Zylinderkopfes war es den Konstrukteuren gelungen, einen 45 PS starken Motor zu entwickeln. Dieses Aggregat wurde mit einem ZF-Siebenganggetriebe kombiniert und seit Beginn des Jahres 1955 in den Schlepper A 45 A eingebaut. Kaum aber war der auf den Markt, kam es zu einer einheitlichen Umstellung des gesamten Bauprogramms auf die neuen M-Dieselmotoren. Seither lief der ansonsten unveränderte Schlepper unter der neuen Typenbezeichnung B 45 A. Das Fahrzeug leistete 3000 kg Zugkraft am Haken und war damit ein sehr starkes Fahrzeug für den Großbetrieb.

Bauzeit	1961–1962
Motor-Bauart	Vierzylinder/Reihe
Hubraum in ccm	2560
Leistung (PS/min)	45/2200
Leergewicht in kg	2200
Antriebsart	Allrad
Getriebe	8/4

MAN-Diesel-Allradschlepper 4 R 3

Das größte und leistungsstärkste Fahrzeug aus dem letzten MAN-Bauprogramm war ohne Zweifel der Allradschlepper 4 R 3. Allein schon sein Erscheinungsbild mit der breiten Allradbereifung und der gedrungenen und doch formschönen Haube beeindruckte jeden. Aber auch seine technischen Qualitäten zeugten von einem hohen Maß an Ausgereiftheit und Niveau. Neben dem Vierzylinder-M-Motor gehörte das ZF-Gruppenschaltgetriebe zum Besten, was es damals auf dem Markt gab. Der 4 R 3 war ein Fahrzeug für schwere Arbeiten auf dem Acker, für Transporte sowie für Einsätze in der Forstwirtschaft. Der Traktor bewährte sich vorzüglich unter extremen Einsatzbedingungen, wie man sie bei ungünstigen Witterungs- und Bodenverhältnissen im Forst, im Moor und in weiterem schwierigem Gelände anzutreffen konnte.

Bauzeit	1958–1966
Motor-Bauart	Vierzylinder-Reihe
Hubraum in ccm	2640
Leistung (PS/min)	45/2000
Leergewicht in kg	1525
Antriebsart	Hinterrad
Getriebe	7/1

Hürlimann-Dieselschlepper D 70 SSP

Nachdem die Hürlimann-Traktoren 1955 eine neue Frontpartie erhalten hatten, ging zwei Jahre später auch eine neue Motorenbaureihe an den Start. Die Triebwerke besaßen einen neuartig geformten Verbrennungsraum im Kolbenboden und erfreuten ihre Besitzer mit ausgezeichnetem Startverhalten, großer Laufruhe und Genügsamkeit. Das Modell D 70 Super-Spezial verfügte über ein 7/1-Gang-Getriebe, dessen erste beide als Kriechgänge ausgeführt waren. Auch dieses Modell war mit der im schweizerischen Traktorenbau verbreiteten Ganzranklenkung, die nahezu 85 Grad Lenkeinschlag zuließ, ausgerüstet. Differenzialsperre, Einzelradlenkbremsen, Dreipunkthydraulik hinten und Seitenhydraulik für Mähapparat und Motoregge, Motor- und Wegzapfwelle und seitlicher Mähantrieb waren serienmäßig.

Bauzeit	1958–1960
Motor-Bauart	Zweizylinder/Reihe
Hubraum in ccm	3114
Leistung (PS/min)	42/1500
Leergewicht in kg	2430
Antriebsart	Hinterrad
Getriebe	9/2

Eicher-Dieselschlepper ED 215/16

Im Jahr 1958 ging aus den Eicher-Traktorenwerken eine neue Schlepperreihe an die Händler. Das größte Modell war der mit einem Zweizylinder-Direkteinspritz-Diesel ausgerüstete Traktor ED 215/16 mit 42 PS. Mit einem gerade erst zur Serienreife gelangten, klauengeschalteten ZF-9/2-Gang-Getriebe mit integrierter Kriechganggruppe befand sich der Traktor auch technisch auf der Höhe der Zeit. Bei dieser Getriebeschaltung wurden nicht mehr wie bisher die jeweils benötigten Zahnräder verschoben, sondern die für den entsprechenden Schaltvorgang erforderlichen Zahnräder nur noch durch kleine Schaltstifte miteinander verbunden. Der ED 215/16 wirkte aufgrund seiner großen Bodenfreiheit von 475 mm etwas hochbeinig, was ihm aber bei großflächigen Pflegearbeiten durchaus zum Vorteil gereichte.

Bauzeit	1956–1958
Motor-Bauart	Vierzylinder/Reihe
Hubraum in ccm	5022
Leistung (PS/min)	42/1250
Leergewicht in kg	3200
Antriebsart	Hinterrad
Getriebe	5/1

IFA-Radschlepper RS 01/40 II Harz

Der seit 1949 in der früheren DDR gebaute Radschlepper „Pionier“ war Mitte der 1950er Jahre in die Jahre gekommen, zumal sein Grundentwurf ja noch auf das Jahr 1938 zurückging. Ein Nachfolgemodell war aber nicht in Sicht. Also konzentrierte man sich darauf, die Konstruktion etwas aufzufrischen. Die Modernisierung beschränkte sich hauptsächlich auf den Einbau eines Elektrostarters und einer einzelradgefederten Pendelvorderachse, wodurch sich eine um 200 mm höhere Bodenfreiheit ergab und damit das neue Modell „Harz“ entstanden war. Der Schlepper ließ sich nun weit besser als zuvor auch in Reihenkulturen einsetzen. Auch das Tiefpflügen auf weichem Untergrund wurde erleichtert. Zur moderneren Frontgestaltung, die der des RS 14/30 Famulus entsprach, kam außerdem ein hydraulischer Dreipunkt-Kraftheber.

Bauzeit	1960–1967
Motor-Bauart	Dreizylinder/Reihe
Hubraum in ccm	2550
Leistung (PS/min)	42/2300
Leergewicht in kg	1790
Antriebsart	Hinterrad
Getriebe	10/2

Kramer-Dieselschlepper KL 400

Der stärkere der beiden im Dezember 1960 neu auf den Markt gekommenen Kramer-Schlepper war der Typ KL 400. Schon äußerlich erregte dieses Modell durch seine neue Durelastik-Kunststoff-Motorhaube, die dank Glasfaserverstärkung unempfindlicher gegen Schläge oder Stöße war, Aufmerksamkeit. Der Schlepper verfügte über einen Dreizylinder-Deutz-Diesel, der anfangs 38, zum Ende der Bauzeit gar 42 PS zur Verfügung stellte. Das aus eigener Fabrikation stammende, sehr fortschrittliche 10/2-Gang-Getriebe konnte auf Zwischengänge geschaltet werden. Darüber hinaus hatte der KL 400 eine Motorzapfwelle mit Doppelkupplung und eine Dreipunkt-Regelhydraulik mit 1250 kg Hubkraft. Für Straßentransporte stand neben dem Schnellganggetriebe auf Wunsch auch eine Druckluftbremsanlage zur Verfügung.

Bauzeit	1957–1960
Motor-Bauart	Einzylinder
Hubraum in ccm	4222
Leistung (PS/min)	40/1000
Leergewicht in kg	2650
Antriebsart	Hinterrad
Getriebe	6/2

Lanz-Dieselschlepper D 4016, 40 PS Typ HN

Der erst 1957 vorgestellte Lanz-Dieselschlepper D 4016 stellte die letzte auf eigener Entwicklungsarbeit basierende Neukonstruktion des Mannheimer Unternehmens dar. Dabei sollte der Bulldog kein Modell im vorhandenen Verkaufsprogramm ersetzen, sondern die zwischen den Halbdieseltypen mit 36 und 50 PS bestehende große Leistungslücke verkleinern. Auch sollte der Bulldog sozusagen das Musterfahrzeug für die in den folgenden zwei Jahren anstehende Umrüstung aller damals noch als Halbdiesel gebauten schweren Typen sein. Infolge der Übernahme des Unternehmens durch Deere & Company blieb dieser Bulldog leider ein Einzelgänger. Es war ein kraftvolles und zugleich formschönes Fahrzeug mit seinen sehr großen Hinterräder samt Muschelkotflügeln. Der Schwerpunkt lag sehr tief und die Zugkraft war mit 3352 kg beachtlich.

Bauzeit	1956–1960
Motor-Bauart	Vierzylinder/Diesel
Hubraum in ccm	3927
Leistung (PS/min)	40/1800
Leergewicht in kg	2530
Antriebsart	Allrad
Getriebe	7/1 bzw. 9/2

MAN-Diesel-Allradschlepper 4 R 2

Der Allradtraktor 4 R 2 war mit 40 PS Motorleistung im Prinzip eine verkleinerte Ausführung des 50-PS-Schleppers 4 S 2, wobei die Baumerkmale nahezu identisch geblieben waren. Der 4 R 2, den es auch als Hinterradschlepper gab, hatte 1957 einen vergrößerten Motor erhalten, wobei aber die Leistung – trotz des größeren Hubvolumens – mit 40 PS gleich geblieben war. Es war ein sehr leistungsstarker und fortschrittlicher Traktor, der in der anerkannt hervorragenden Verarbeitungsqualität dieses Herstellers zur Auslieferung gelangte. Generell lässt sich sagen, dass die MAN-Traktoren in technischer Hinsicht der Konkurrenz durchweg überlegen waren. Ihre positiven Eigenschaften hatten natürlich auch ihren Preis – das aber war die einzige Disziplin, in der die MAN-Schlepper den meisten Mitbewerbern unterlegen waren.

Bauzeit	1958–1959
Motor-Bauart	Vierzylinder/Reihe
Hubraum in ccm	2175
Leistung (PS/min)	40/1900
Leergewicht in kg	1886
Antriebsart	Hinterrad
Getriebe	8/2

IH-Dieselschlepper D 440

Mit dem seit August 1958 gebauten D 440 hatte International Harvester einen kräftigen Dieselschlepper geschaffen, der sich in manchen Merkmalen von jenen der bisherigen D-Reihe unterschied. Schon äußerlich beeindruckte das 40-PS-Modell durch ein kraftvolleres, wuchtigeres Aussehen. Das Fahrzeug war 20 Zentimeter breiter geraten und erhielt daher ein anderes Frontgitter in Verbindung mit einer breiteren Haube und dem angepassten neuen Armaturenbrett. Den Antrieb übernahm ein Vierzylinder-Diesel, der zur Leistungssteigerung mit einem Roots-Lader ausgerüstet wurde. Zwecks Gewichtserhöhung wurde der D 440 mit Zusatzgewichten ausgerüstet. Leider traten beim aufgeladenen Motor im harten Dauerbetrieb häufig Probleme auf, weshalb er bereits gegen Ende des Jahres 1959 wieder aus dem Verkaufsprogramm verschwand.

Bauzeit	1960–1961
Motor-Bauart	Dreizylinder/Reihe
Hubraum in ccm	2467
Leistung (PS/min)	40/2300
Leergewicht in kg	2000
Antriebsart	Hinterrad
Getriebe	8/4

Porsche-Dieselschlepper Super L 318

Seit dem Frühjahr 1960 wurde bei Porsche-Diesel in Friedrichshafen-Manzell das Modell Super L 318 gefertigt, das sich vom bisherigen Typ „Super 308“ durch die nun serienmäßig vorhandene Motorzapfwelle, das moderne stiftgeschaltete ZF-Gruppenschaltgetriebe A 216 mit acht Vorwärts- und vier Rückwärtsgängen, das es zudem noch in einer schnellen Ausführung gab, sowie die auf 40 PS gestiegene Leistung unterschied. Sein Listenpreis lag in der Grundausstattung bei 14.280 Mark. Mit dieser zeitgemäßen Leistung und Ausrüstung, mit der vor allem den ständig schwerer werdenden landwirtschaftlichen Anhängegeräten und Vollerntemaschinen Rechnung getragen wurde, entsprach die damit geschaffene Super-Variante den Ansprüchen der Kunden weit mehr als zuvor.

Bauzeit	1956–1959
Motor-Bauart	Dreizylinder/Reihe
Hubraum in ccm	2715
Leistung (PS/min)	40/2000
Leergewicht in kg	2340
Antriebsart	Hinterrad
Getriebe	9/2

Ritscher-Dieselschlepper 936 L Super

Zusammen mit dem etwas schwächeren Typ 832 Junior stellten die Ritscher-Traktorenwerke im Jahr 1956 den 40-PS-Schlepper 936 L Super vor. Beide Fahrzeuge waren äußerlich fast identisch. Es gab sie sowohl mit wassergekühltem als auch mit luftgekühltem MWM-Dieselmotor. In Anbetracht der höheren Motorleistung wurde beim Typ 936 das als Gruppenschaltgetriebe aufgebaute ZF-Getriebe A 16 mit neun Vorwärtsgängen installiert. Da das neue bolzengeschaltete ZF-Getriebe auch von ungeübten Traktorfahrern problemlos bedient werden konnte, war in der Ritscher-Werbung von einem „besonders leicht schaltbaren 5-Gang-Durchschaltgetriebe" die Rede. Es bestand aus fünf Vorwärtsgängen und einer zusätzlichen Kriechganggruppe, die sich aus weiteren vier Gangstufen zusammensetzte.

Bauzeit	1959–1965
Motor-Bauart	Dreizylinder/Reihe
Hubraum in ccm	3120
Leistung (PS/min)	38/2000
Leergewicht in kg	1730
Antriebsart	Hinterrad
Getriebe	8/4

Wesseler-Dieselschlepper WL 40 E

Der luftgekühlte Wesseler-Dieselschlepper WL 40 E zählte mit 38 PS Motorleistung zu den leistungsstärksten Modellen dieses nur regional bedeutenden Herstellers und zugleich zu den letzten gebauten Typen. Es war ein sehr kräftiger Traktor der damaligen oberen Mittelklasse, der aber auch als Universalschlepper auf größeren Höfen durchaus nicht fehl am Platze war. Unter der grünen Motorverkleidung arbeitete ein luftgekühlter MWM-Direkteinspritz-Diesel mit drei Zylindern, der mit dem ZF-Gruppengetriebe A 210 selbsttragend verbunden war. Die serienmäßig eingebaute Getriebezapfwelle konnte auf Wunsch auch durch eine Motorzapfwelle ersetzt werden. Werksseitig war eine Dreipunkt-Hydraulik mit 1800 kg Hubkraft vorhanden. Es war ein gut verarbeiteter, grundsolider Schlepper, der auch technisch mit seinen Großserienkonkurrenten mithalten konnte.

Bauzeit	1960–1964
Motor-Bauart	Vierzylinder/Reihe
Hubraum in ccm	2367
Leistung (PS/min)	38/2400
Leergewicht in kg	1830
Antriebsart	Hinterrad
Getriebe	10/3

John Deere-Dieselschlepper Typ 500

Das zunächst 36 PS starke Modell John Deere-Lanz 500 gehörte zu den neuen Dieselschleppern, die zur Ablösung der alten Lanz-Einzylinderfahrzeuge antraten. Leistungsmäßig zählte er zur damals in Westdeutschland meistverkauften mittleren Klasse. Es handelte sich um einen Halbrahmenschlepper, der mit einem kurzhubigen Vierzylinder-Wirbelkammer-Diesel, einem in vier Gruppen unterteilten Klauenschaltgetriebe, zwei Getriebe- respektive Motorzapfwellen hinten und einer Frontzapfwelle sowie Dreipunkt-Blockkraftheber mit Regelhydraulik und Mischregelung ausgerüstet war. Ab 1963 wurde seine Leistung auf 38 PS erhöht. Trotz vieler Vorzüge hatten die ersten John-Deere-Modelle auf dem deutschen Markt erhebliche Anlaufschwierigkeiten zu überwinden.

Bauzeit	1959–1961
Motor-Bauart	Vierzylinder/Reihe
Hubraum in ccm	1767
Leistung (PS/min)	34/3000
Leergewicht in kg	1650
Antriebsart	Hinterrad
Getriebe	8/4

Güldner-Dieselschlepper A 4 M/MS Toledo

Im Rahmen der Zusammenarbeit zwischen den Fahr-Werken und Güldner war Fahr für die Konstruktion der stärkeren Modelle zuständig. Seit 1958 gab es einen unter der Typenbezeichnung D 177 geführten 34-PS-Schlepper zu kaufen, der im darauffolgenden Jahr auch von Güldner mit dem Zusatz Toledo angeboten wurde. Das technisch nahezu baugleiche Güldner-Modell unterschied sich vom Fahr- Schlepper in erster Linie durch abweichende Form und Lackierung. Kleine Unterschiede gab es lediglich an der Vorderachse und in der Hydraulikausrüstung. Da Güldner zu dieser Zeit keinen geeigneten Schleppermotor in dieser Leistungsklasse im Programm hatte, musste man auf den auch im Unimog verwendeten Vierzylinder-Diesel von Daimler-Benz zurückgreifen. Das 8/4-Gang-Gruppenschaltgetriebe gab es sowohl in einer Standard- als auch in einer schnellen Ausführung.

Kapitel 3 (1965–1975)

Die Großtraktoren überspringen die 100-PS-Marke

Bereits in der zweiten Hälfte der 1950er Jahre wurde klar, dass der Markt irgendwann gesättigt sein würde, und etwa 1965 hatte eine veritable Absatzkrise die Schlepperbranche gepackt. Besserung war nicht abzusehen. Zwischen 1955 und 1960 war die Zahl der jährlichen Schlepperzulassungen in der Bundesrepublik vom Rekordergebnis von 99.341 Fahrzeugen auf 88.864 Einheiten gesunken. 1965 war das Marktvolumen auf 84.361 und zehn Jahre später auf nur noch 64.171 Neuzulassungen geschrumpft.

Zahlreiche technische Errungenschaften, die sich in der Zeit der späten 1950er und der frühen 1960er Jahre erst in der Einführungsphase befanden, hatten jetzt als selbstverständliche Elemente Eingang in die Schlepperkonstruktionen aller Hersteller gefunden. Besonders gravierende Fortschritte hatte die Getriebeentwicklung durchlaufen. Waren noch 1955 schubradgeschaltete Getriebe die Regel, bestimmten bereits fünf Jahre später Leichtschaltgetriebe mit Bolzen- oder Stiftschaltung das Bild. In Verbindung mit dem Schaltgruppenkonzept, das den Trend zu feineren und zahlreicheren Gangabstufungen einleitete, wurde die ZF-Getriebeserie A 200 zu einem marktbeherrschenden Erfolg. Diese wesentlich leichter zu schaltenden Getriebe waren die Vorstufe zur späteren Vollsynchronisation.

Hinzu kam die mittels Zweifachkupplung funktionierende Motorzapfwelle, die zum Arbeiten mit gezogenen Mähdreschern und Vollerntemaschinen unerlässlich war. Sie ermöglichte das Anhalten oder Anfahren des Traktors bei weiter laufendem Arbeitsgerät. Dazu kamen der genormte Dreipunkt-Regelhydraulikkraftheber, die Fernbedienung des Traktors ohne aufsitzen zu müssen, Vierradantrieb, Lenkhydraulik und Knicklenkung – Einrichtungen und Erleichterungen, die entweder zur Selbstverständlichkeit geworden waren oder sich in den kommenden Jahren durchsetzen sollten.

Der Weg der Motorentechnik war vom Vorkammer- über das Wirbelkammerverfahren zu direkteinspritzenden und verbrauchsärmeren Dieselmotoren gegangen. Dabei wurde der Trend zu immer höherer Leistung und zu mehrzylindrigen Motoren mit kleineren Zylindereinheiten immer ausgeprägter. Seit den frühen 1970er Jahren hatte sich auch der Sechszylindermotor bei Großschleppern durchgesetzt. Die magische 100-PS-Marke wurde bald deutlich übertroffen. Zudem setzen die Kunden das Vorhandensein des Allradantriebs schon in der gehobenen Mittelklasse als selbstverständlich voraus. Auf Vorgaben des Gesetzgebers, in diesem Fall der landwirtschaftlichen Berufsgenossenschaft, ging die ab 1970 vorgeschriebene Ausrüstung der Traktoren mit Blinkanlagen sowie mit Umsturzbügel oder Sicherheitsrahmen zurück, mit denen das Verletzungsrisiko besonders bei Umstürzen deutlich verringert wurde.

Angesichts des immer deutlicher zutage tretenden Arbeitskräftemangels in der Landwirtschaft, der mit vermehrtem motorischen Einsatz kompensiert werden musste, konnte der Landwirt auf die Einmannbedienung von Traktoren und Arbeitsgeräten nicht mehr verzichten. Der Strukturwandel bewirkte, dass immer mehr kleine Höfe verschwanden – mit dem Resultat, dass die einstmals für die Nachkriegsmotorisierung so wichtigen Kleinschlepper jetzt eine immer kleinere Rolle spielten. Hinzu kam die große Verunsicherung der Landwirte, die sich um die Folgen der Mitgliedschaft Deutschlands in der EWG sorgten. Nach den Vorstellungen des Agrarkommissars sollte die Zahl der Betriebe weiter verringert werden, sollten gleichzeitig die Anbauflächen wachsen und Spezialisierung sowie Rationalisierung an Bedeutung gewinnen. Alle diese Faktoren begünstigten den Bau immer größerer und stärkerer Schlepper.

Die Traktorbranche musste sich diesen neuen Herausforderungen und Gegebenheiten stellen. Ihnen gerecht zu werden, waren auf Dauer immer weniger Anbieter in der Lage, sodass selbst große Hersteller wie Güldner (1969) und Hanomag (1971) auf der Strecke blieben und sich aus der Schlepperbranche zurückzogen. Ausländische Mitbewerber, die in den 1960er Jahren auf den Plan traten, machten es der heimischen Schlepperindustrie noch schwerer. Dank Großserienproduktion waren die Fahrzeuge dieser Hersteller fast immer preisgünstiger und qualitativ kaum schlechter. Die ständig steigenden Entwicklungskosten für die immer komplizierter werdenden Baukomponenten im Traktorenbau ließen selbst große Unternehmen an ihre Grenzen stoßen. Besonders gravierend stiegen die Entwicklungskosten für neue Getriebe.

Deutz-Dieselschlepper D 8005

Die beiden Spitzenmodelle innerhalb der D 05-Traktorenreihe von Deutz waren die Typen D 8005 und D 9005. Der D 8005 als der etwas schwächere von beiden trat die Nachfolge des ab 1964 in nur kleinen Stückzahlen gebauten Typs D 80 an, dem er im Wesentlichen entsprach. Er besaß einen Sechszylinder-Wirbelkammer-Dieselmotor aus der FL 812-Baureihe, in diesem Fall allerdings in der verbesserten L 812 S-Ausführung mit Massenausgleichsgetriebe, das für deutlich größere Laufruhe sorgte. Auch in diesem Fall stammte das Antriebsaggregat aus dem Baukasten. Vorteil: Viele untereinander austauschbare Komponenten – beginnend mit gleichen Zylinderabmessungen – halfen Fertigungs- und Lagerhaltungskosten verringern.

D 160 06

Deutz-Knicklenker-Allradschlepper D 16006

Ein ganz ungewöhnliches und interessantes Fahrzeug, das im Übrigen gar keine technische Verwandtschaft zu den Mitgliedern der zeitgleich angebotenen Traktorenreihe 06 des Hauses Deutz aufwies, war der Knicklenker-Schlepper D 16006. Als schon äußerlich deutlich erkennbaren Einzelgänger hatte man diesen Boliden, der konstruktiv von einem neu entwickelten, aber nicht in Serie gegangenen Radladermodell abstammte, der Einfachheit halber formal der damals aktuellen 06-Baureihe zugeschlagen. Mit diesem Knicklenker-Traktor sah sich Deutz mit einer völlig neuen Größendimension konfrontiert – und dem ungewöhnlichen Weg, ein Radlader- in ein Ackerschleppermodell zu verwandeln. Der Fahrstand wurde um 180 Grad gedreht, sodass der Motor vorne lag. Die vier gleich großen Räder, die Knicklenkung und der hydraulische Fahrantrieb blieben jedoch erhalten. Die Knicklenkung mit 40 Grad Lenkeinschlag machte den mehr als sechs Meter langen, in Rahmenbauweise entstandenen Schlepper besonders wendig. Der Achtzylinder-V-Motor war ein luftgekühlter Direkteinspritzer aus der Baureihe FL 413, die schon seit langem im Magirus-Lastwagenbau verwendet wurde Das aus dem Baumaschinenbereich übernommene Twin-Disc-Lastschaltgetriebe mit vorgebautem Drehmomentwandler hatte vier Vorwärts- und vier Rückwärtsgänge und war in der Landwirtschaft neu. Mithilfe des Drehmomentwandlers und des nachgeschalteten Zweigang-Stufengetriebes beschleunigte das schwere Fahrzeug aus dem Stand heraus bis zur Endgeschwindigkeit von 39 km/h – auch unter Volllast. Der Allradantrieb war permanent wirksam, konnte also nicht abgeschaltet werden. Der Traktor war nicht nur in seinen Abmessungen gewaltig, sondern mit 9000 kg auch sehr gewichtig. Dabei lagen zwei Drittel des Gewichts auf der Vorder- und ein Drittel auf der Hinterachse. Zur Verminderung des enormen Bodendrucks konnte der D 16006 auch mit Doppelbereifung ausgerüstet werden. Die anstelle der Ladevorrichtung verwendete Dreipunkthydraulik mit 3500 kg Hubkraft besaß keine Regelfunktionen, sondern ein Freigang-System. Sie konnte daher die Geräte nur senken, ausheben und tragen. Bei Versuchen erreichte der D 16006 mit einem siebenscharigen Pflug eine Flächenleistung von 1,6 ha/h. Die Mindestvoraussetzung für einen wirtschaftlichen Einsatz waren Arbeitsflächen ab 200 ha aufwärts. Trotz vielfältiger Bemühungen konnte sich das Knicklenkerkonzept in Deutschland und Europa nicht durchsetzen. Vom D 16006 entstanden zwei Serien mit fünf respektive 25 Einheiten, die heute zu den ausgewiesenen Raritäten zählen.

Bauzeit	1969–1970
Motor-Bauart	Achtzylinder/V-Form
Hubraum in ccm	11.290
Leistung (PS/min)	160/2300
Leergewicht in kg	9000
Antriebsart	Allrad
Getriebe	4/4

Deutz-Diesel-Allradschlepper D 13006 A

Der Deutz-Diesel-Allradschlepper D 13006 A trat im Jahr 1972 die Nachfolge des nur in kleinsten Stückzahlen gefertigten D 12006 A an. In diesem – abgesehen vom adoptierten D 16006 – schwersten Modell der 06-Reihe kamen alle jene Verbesserungen zum Tragen, die im Rahmen der Produktpflege dieses Modelljahres eingeführt wurden. Eines der sichtbarsten Erkennungsmerkmale war die größere Vorderradbereifung in Form der Sige-Allradvorderachse des Typs 5200, der das Modell seine größere Zugkraft verdankte. Hinzu kam die von Deutz entwickelte, wesentlich leistungsstärkere Regelhydraulik, die das bisherige Bosch/ZF-Gemeinschaftsprodukt ersetzte. Gegenüber dem D 12006 betrug die Mehrleistung 2000 kg und stieg somit auf 5000 kg an der Schiene. Der 120 PS starke luftgekühlte Sechszylindermotor zog seine Leistung aus einem Abgas-Turbolader. Das synchron geschaltete ZF T 3402-Getriebe wies zwei Vorwärts- und eine Rückwärtsgruppe auf. Einschließlich der Kriechgänge standen insgesamt 16 Vorwärts- und sieben Rückwärtsgänge zur Verfügung. 1976 änderte sich die Lackierung von Haube und Kotflügeln in das hellere Deutz-Grün 74, während die Felgen zunächst rot blieben und noch 1978, kurz vor Ende der Fertigung, in den Farbton Weißaluminium geändert wurden. Bereits werksseitig gab es den auf dem Inlandsmarkt ausschließlich als Allradschlepper erhältlichen D 13006 A mit einer Verdeckkabine von Fritzmeier. Ab 1976 konnte der Käufer zwischen dieser und der elastisch gelagerten, gut isolierten und mit zusätzlichen Extras ausgerüsteten Fritzmeier-Spezial-Kabine FK 9302 wählen. Außerdem war die Allradvorderachse jetzt mit dem Optitrac-Selbstsperrdifferenzial erhältlich. Dieses System sorgte – ähnlich wie die Differenzialsperre der Hinterachse – für automatische Totalsperrung der Vorderachse, wenn die Vorderräder die Traktion zu verlieren drohten.

Bauzeit	1972–1978
Motor-Bauart	Sechszylinder/Reihe
Hubraum in ccm	5652
Leistung (PS/min)	120/2400
Leergewicht in kg	4760
Antriebsart	Allrad
Getriebe	16/7

Schlüter-Diesel-Allradschlepper Super 1250 V

Das Schlüter-Modell Super 1250 zählte zu jenen Traktoren, die 1968 neu ins Typenprogramm des Freisinger Herstellers aufgenommen wurden. Neben dem anfänglich auch als Hinterradschlepper in den Verkaufslisten zu findenden Super 1250 gab es die praktisch ausschließlich verlangte Allradausführung Super 1250 V. Bereits 1971 fiel die kaum nachgefragte Hinterradvariante aus dem Verkaufssortiment. Von da an gab es bei Schlüter nur noch Allradfahrzeuge. Seither verstärkte Schlüter das Engagement oberhalb von 100 PS, wo Allradantrieb inzwischen obligatorisch geworden war. Gegenüber dem nächstkleineren Modell Super 950 unterschied sich der 1250 durch einen anfänglich 110, ab 1970 dann 115 PS starken Sechszylinder-Direkteinspritzmotor, der sich durch ein optimiertes Verbrennungsverfahren mit exzentrisch gestalteten Brennräumen sowie durch weitere Detailänderungen auszeichnete. Dieser Motor arbeitete deutlich wirtschaftlicher als der des Vorgängers. Aufgrund der höheren Motorleistung erhielt das lenkradgeschaltete ZF-Synchrongetriebe T 330 II verstärkte Achswellen, oder es wurde wahlweise die gegen Aufpreis erhältliche, stärker ausgelegte Version T 335 II eingebaut. Der Super 1250 V war mit allem für diese Leistungsklasse denkbaren Zubehör wie ZF-Hydro-Spindellenkung, Motorzapfwelle mit Zweifachkupplung (auf Wunsch auch vorn), Voith-Turbokupplung und einer Dreipunkt-Regelhydraulik mit 4500 kg Hubkraft serienmäßig ausgerüstet. Darüber hinaus stand eine umfangreiche Zubehörpalette zur Verfügung.

Bauzeit	1968–1973
Motor-Bauart	Sechszylinder/Reihe
Hubraum in ccm	7127
Leistung (PS/min)	115/1800
Leergewicht in kg	4680
Antriebsart	Allrad
Getriebe	12/6 oder 16/8

Bauzeit	1970–1971
Motor-Bauart	Sechszylinder/Reihe
Hubraum in ccm	6240
Leistung (PS/min)	110/2300
Leergewicht in kg	4590
Antriebsart	Allrad
Getriebe	16/8 oder 20/10

Fendt-Diesel-Allradschlepper Favorit 12 A

Um auf dem Sektor der Großschlepper gegenüber den immer stärker werdenden Fahrzeugen der Mitbewerber nicht ins Hintertreffen zu geraten, boten die Fendt-Werke ab 1970 das 110 PS leistende Traktormodell Favorit 12 A an. Mit diesem schweren Oberklassemodell überschritt Fendt erstmals die magische 100-PS-Marke. Das nur als Allradschlepper verkaufte Fahrzeug war mit allen Annehmlichkeiten und technischen Neuerungen ausgestattet, welche die Traktoren der S-Baureihe von Fendt zu bieten hatten. Serienmäßig hatte der Großschlepper ein ZF-Feinstufengetriebe mit Drehmomentwandler, einen Regelkraftheber mit 4450 kg Hubvermögen, Motorzapfwelle mit zwei Geschwindigkeiten, Voith-Strömungskupplung und hydrostatische Lenkung. Dieses Fahrzeug war ausschließlich für Großbetriebe und Lohnunternehmen wirtschaftlich rentabel und kostete in der Grundausrüstung 43.890 Mark.

Bauzeit	1967–1974
Motor-Bauart	Sechszylinder/Reihe
Hubraum in ccm	6871
Leistung (PS/min)	100/1800
Leergewicht in kg	4190
Antriebsart	Allrad
Getriebe	12/6 oder 16/8

Schlüter-Diesel-Allradschlepper Super 950 V

Das Modell Super 950 der Schlüter-Werke entstand auf Basis des Super 900, von dem es sich durch eine um fünf PS höhere Motorleistung und die mit 3200 kg Hubvermögen bedeutend stärkere Regelhydraulikanlage unterschied. Als Sonderwunsch war diese Anlage sogar mit einer Hubleistung von 4500 kg erhältlich. Ab 1970 stieg die Motorleistung beim neuen SDM 108 W 6-Direkteinspritz-Diesel von 95 auf 100 PS. Beim Super 950 V kam die bewährte, in Außenplanetenbauweise konstruierte ZF-Fronttriebachse APL 3050 zur Verwendung. Das mittels Lenkradschaltung zu betätigende ZF-Gruppengetriebe T 330 II wies 12, mit Kriechganggetriebe 16 Vorwärtsgänge auf. Die Getriebe waren vollsynchronisiert, sowohl in der Gang- als auch in der Gruppenschaltung. Optional erhältlich war für dieses starke Traktormodell auch eine Voith-Strömungskupplung.

Bauzeit	1972–1978
Motor-Bauart	Vierzylinder/Reihe
Hubraum in ccm	6560
Leistung (PS/min)	100/1800
Leergewicht in kg	5255
Antriebsart	Allrad
Getriebe	9/6

IFA-Zugtraktor ZT 303 (Allrad)

Obwohl der seit 1967 erhältliche Zugtraktor ZT 300 einen erheblichen Aufschwung für die DDR-Landwirtschaft gebracht hatte, wurde der Ruf nach einem vierradgetriebenen Schlepper immer lauter. Bei der ab 1971 vorgestellten, vom Hinterradschlepper abgeleiteten Bauvariante ZT 303 bedienten sich die Konstrukteure, um Zeit und Entwicklungskosten zu sparen, zahlreicher bereits bestehender Baukomponenten. Die Fronttriebachse stammte vom Lkw W 50 LA, wurde aber, anders als beim Lastwagen, pendelnd im Vorderachsträger des ZT gelagert. Trotz der geringfügig verminderten Bodenfreiheit stieg der Allradschlepper schnell zur Nummer eins in der Feldwirtschaft auf. Das war nicht verwunderlich, war doch die Zugleistung auf nassem oder sandigem Boden gegenüber dem ZT 300 um rund 50 Prozent höher. Später stieg die Motorleistung von 90 auf 100 PS.

Bauzeit	1971–1977
Motor-Bauart	Sechszylinder/Reihe
Hubraum in ccm	5867
Leistung (PS/min)	100/2100
Leergewicht in kg	4350
Antriebsart	Allrad
Getriebe	12/5

IHC-Diesel-Allradschlepper 1046 A

Der IH-Typ 1046 war der stärkere von zwei von International Harvester ab Sommer 1971 angebotenen Großschleppern. Mit 100 PS war der Sechszylinder-Direkteinspritz-Diesel stark genug, um das Fahrzeug für Großbetriebe und Lohnunternehmer attraktiv zu machen. Da ein eigenes ausreichend belastbares Getriebe nicht zur Verfügung stand, bediente man sich eines synchronisierten ZF-Gruppengetriebes mit 12/5 Gängen. Das Getriebe besaß eine fahrunabhängig zu- und abschaltbare Zapfwelle. Die Steuerung der IH-Dreipunkt-Regelhydraulik, die über eine maximale Hubkraft von 3000 kg verfügte, erfolgte über die unteren Lenker. Neben der Ausführung als Allradschlepper gab es den 1046 auch mit Hinterradantrieb. Im Vorgriff auf die im darauffolgenden Jahr bevorstehende Änderung des Frontgitters wurde beim 1046 bereits die neue, als Alugrill bekannt gewordene Form verwendet.

Bauzeit	1970–1972
Motor-Bauart	Sechszylinder/Reihe
Hubraum in ccm	5652
Leistung (PS/min)	100/2300
Leergewicht in kg	3655
Antriebsart	Hinterrad
Getriebe	16/7

Deutz-Dieselschlepper D 10006

1970 brachten die Deutz-Werke vier neue Modelle der 06er-Reihe auf den Markt. Dazu gehörte als Nachfolger des D 9006 der Typ D 10006. Zu den Verbesserungen zählten eine ebene Fahrerplattform und ergonomisch günstiger angeordnete Bedienelemente. Unter der Motorhaube fand sich der Sechszylinder-Diesel F 6 L 912 mit 100 PS. Weil die zu erwartenden Stückzahlen in diesem Leistungsbereich damals noch zu gering waren, verzichtete man auch bei diesem Modell auf eine eigenständige Getriebeentwicklung und kaufte das dafür bestens geeignete, mit 16/7 Gangstufen ausgeführte ZF-Baumuster T 335 II ein. Bis auf die noch schubradgeschalteten Kriechgänge waren Gruppenschaltung und Gänge vollsynchronisiert. Das auf Wunsch mit einer Fritzmeier-Verdeckkabine lieferbare Modell D 10006 kam ausschließlich für Großbetriebe und Lohnunternehmen infrage.

Bauzeit	1968–1976
Motor-Bauart	Sechszylinder/Reihe
Hubraum in ccm	5890
Leistung (PS/min)	100/2000
Leergewicht in kg	4200
Antriebsart	Allrad
Getriebe	16/7

Eicher-Diesel-Allradschlepper Wotan II

Die Leistung des seit 1968 angebotenen Eicher-Diesel-Allradschleppers Wotan II wurde 1973 von ursprünglich 95 auf 100 PS angehoben. Der Traktor war mit dem ZF-Getriebe T 335 II ausgestattet, das über 16/7-Gangstufen verfügte. Von den sechs Gängen des Schaltgetriebes waren die oberen vier synchronisiert. Ebenso verhielt es sich mit dem Gruppengetriebe, sodass bei Straßenfahrt ausschließlich synchronisiert geschaltet wurde. Im Rahmen der Modellpflege wurde die Hubkraft der Regelhydraulik auf 3200 kg erhöht. Gegen Aufpreis stand anfangs ein Fritzmeier-Allwetterverdeck zur Verfügung, das ab 1971 durch das Fabrikat Peko im Zubehörprogramm ersetzt wurde. Vom Wotan II gab es auch eine Hinterradausführung, die allerdings kaum verlangt wurde. Schon damals wurde von den Kunden dieser Leistungsklasse der Allradantrieb vorausgesetzt.

Bauzeit	1973–1974
Motor-Bauart	Vierzylinder/Reihe
Hubraum in ccm	4952
Leistung (PS/min)	95/2200
Leergewicht in kg	3300
Antriebsart	Allrad
Getriebe	10/2 oder 12/6

Hürlimann-Diesel-Allradschlepper D 310 A

Mit Erscheinen des Modells D 310 boten die schweizerischen Hürlimann-Traktorenwerke seit 1973 neben der Hinterradmaschine auch eine allradgetriebene Bauvariante an. Dieser unter D 310 A registrierte Traktor war mit einer ZF-Fronttriebachse ausgerüstet und in unterschiedlichen Ausführungen erhältlich. Da gab es zunächst die Standardversion D 310 A mit 12/2-Gang-Getriebe. Dieses Fahrzeug wurde in neun Exemplaren gebaut. Ferner die in 24 Einheiten entstandene Variante D 310 SyA, die mit dem vollsynchronisierten 12/6-Gang-Gruppenschaltgetriebe Synchromatic ausgerüstet war. Als dritte Ausführung kam 1975 der Typ D 310 TA hinzu, der den mit mechanischer Aufladung versehenen Vierzylinder-Direkteinspritzmotor D 310 T besaß. Der leistete bei gleicher Drehzahl 95 PS. Eine hydraulische Bremshilfe wurde in der Praxis fast immer mitbestellt.

Bauzeit	1970–1971
Motor-Bauart	Sechszylinder/Reihe
Hubraum in ccm	5100
Leistung (PS/min)	95/2400
Leergewicht in kg	4440
Antriebsart	Allrad
Getriebe	16/8 oder 20/10

Fendt-Diesel-Allradschlepper Favorit 11 SA

Die im Jahr 1970 vorgestellten Modelle Favorit 11 S mit Hinterrad- sowie 11 SA mit Allradantrieb waren die Nachfolger der Favorit 4 S-Traktoren. Angetrieben vom 95 PS starken wassergekühlten Sechszylinder-Direkteinspritz-Diesel D 225-6 von MWM, waren es die zweitstärksten Fahrzeuge innerhalb der „modernen Serie" von Fendt. Im Vergleich zum Vorgänger verfügte der Motor über einen größeren Hubraum. Das bedeutete bei gleichgebliebener Leistung größere Reserven und eine Steigerung der Zugkraft um etwa 30 Prozent. Diese für Großbetriebe vorgesehenen Traktoren besaßen ausgereifte, überaus zuverlässige und sehr betriebssichere Bauelemente. Von der Hinterradvariante fanden 26, vom Allradschlepper immerhin 134 Exemplare einen Käufer. Letzterer wurde trotz des stolzen Preises von 41.105 Mark für diese Baugröße einfach als unverzichtbar vorausgesetzt.

Bauzeit	1967–1971
Motor-Bauart	Sechszylinder/Reihe
Hubraum in ccm	4712
Leistung (PS/min)	92/2600
Leergewicht in kg	3490
Antriebsart	Hinterrad
Getriebe	12/3

Hanomag-Dieselschlepper Robust 900

Das größte Fahrzeug innerhalb der seit 1967 von den Hanomag-Werken neu vorgestellten Schlepperfamilie war der Typ Robust 900. Gleichzeitig war es der stärkste in Serie produzierte Hanomag-Radschlepper, der je gebaut wurde. Ausgerüstet war er mit einem Sechszylinder-Kompaktmotor mit einheitlichen Abmessungen von Bohrung und Kolbenhub. Durch diese Bauweise wurde eine ruhige und elastische Arbeitsweise erzielt. Der Robust 900 besaß ein in drei Gruppen unterteiltes, neu entwickeltes klauengeschaltetes Getriebe. Dabei war die Stufe des zwölften Ganges nur bei Vorhandensein einer Druckluftbremsanlage entriegelt – ohne diese Einrichtung blieb die Höchstgeschwindigkeit auf 19,87 km/h begrenzt. Der lange Radstand, ein tiefer Schwerpunkt und günstige Gewichtsverteilung mit einem weit über die Vorderachse vorgezogenen Motor verbesserten die Zugkraft erheblich.

Bauzeit	1969–1971
Motor-Bauart	Sechszylinder/Reihe
Hubraum in ccm	4712
Leistung (PS/min)	92/2600
Leergewicht in kg	4030
Antriebsart	Allrad
Getriebe	12/3

Hanomag-Diesel-Allradschlepper Robust 900 A

Ab Frühjahr 1969 wurde die Motorleistung des Hanomag-Großschleppers Robust 900 von 85 auf 92 PS angehoben. Gleichzeitig stieg aber auch der Listenpreis des Allradfahrzeugs auf 37.100 Mark. Die seit 1967 angebotene neue Hanomag-Schlepperreihe war in jeder Beziehung ausgezeichnet gelungen. Aber das Kaufverhalten der Kunden und damit die Absatzlage entwickelten sich enttäuschend. Dabei hatte das Unternehmen die stattliche Summe von mehr als 100 Millionen Mark in Forschungs- und Entwicklungsarbeit sowie in die Vorbereitung der Produktion investiert. Obwohl Hanomag ein außerordentlich großer Wurf gelungen war, stellte sich zwangsläufig Ernüchterung ein. Den Schlussstrich vollzog man durch den kompletten Rückzug aus dem Schleppergeschäft. Im März 1971 verließen die letzten Fahrzeuge die Werkshallen. Die noch fast neuen Fertigungsanlagen wurden nach Schweden verkauft. Bis Ende der 1970er Jahre übernahmen die Deutz-Werke als einstiger Konkurrent, die Ersatzteilversorgung.

Bauzeit	1968–1970
Motor-Bauart	Sechszylinder/Reihe
Hubraum in ccm	5652
Leistung (PS/min)	92/2300
Leergewicht in kg	4300
Antriebsart	Allrad
Getriebe	8/4, 12/5 oder 16/7

Deutz-Diesel-Allradschlepper D 9006 A

Der 1968 in Serie gehende Sechszylinder-Allradtraktor D 9006, der die Nachfolge des erst im Jahr zuvor vorgestellten D 9005 antrat, war seinerzeit das stärkste Fahrzeug der neuen Deutz 06-Modellreihe. Es war ein sehr zugstarker Schlepper für Großbetriebe und Lohnunternehmer, der mit einem weiterentwickelten Antriebsaggregat aus der FL 912-Motorenbaureihe ausgerüstet war. Weil im Segment der Sechszylinder-Großschlepper keine großen Stückzahlen zu erwarten waren, lohnte die eigenständige Getriebeentwicklung nicht. Es war daher weitaus kostengünstiger, auf ein bereits bestehendes und bewährtes ZF-Getriebe zurückzugreifen. Der Kunde hatte die Wahl zwischen einer nicht synchronisierten Grundvariante mit acht Vorwärts- und vier Rückwärtsgängen sowie zwei weiteren synchronisierten und mit größeren Gangzahlen ausgeführten Versionen.

Bauzeit	1971–1977
Motor-Bauart	Sechszylinder/Reihe
Hubraum in ccm	5073
Leistung (PS/min)	90/2200
Leergewicht in kg	4000
Antriebsart	Allrad
Getriebe	12/5 oder 16/7

IHC-Diesel-Allradschlepper 946 A

Im Juni 1971 gab es bei International Harvester in Neuss einige bedeutende Neuigkeiten. Hauptgrund war der Serienbeginn der beiden ersten Sechszylinder-Schleppermodelle 946 und 1046, mit denen der Hersteller in die Offensive ging. Nicht nur durch ihre Abmessungen, sondern auch in ihrem äußeren Erscheinungsbild unterschieden sich die neuen Schlepper von den bisherigen Modellen der Baureihe. Der 946 als das kleinere Fahrzeug war mit einem Direkteinspritz-Diesel bestückt, der zunächst 85 PS leistete. Ab Mai 1974 erhielt er durch Drehzahlsteigerung und Installation einer neuen Einspritzpumpe eine Leistungserhöhung auf 90 PS. Der sowohl mit Hinter- als auch mit Allradantrieb lieferbare 946 gehörte eindeutig zu den Großschleppern. In der Ausrüstung gab es zwischen beiden Bauvarianten nur wenig Unterschiede.

Bauzeit	1966–1967
Motor-Bauart	Sechszylinder/Reihe
Hubraum in ccm	7127
Leistung (PS/min)	90/1800
Leergewicht in kg	4410
Antriebsart	Allrad
Getriebe	12/6 oder 16/8

Schlüter-Diesel-Allradschlepper Super 900 V

Der im September 1966 vorgestellte Super 900 V war mit 90 PS Motorleistung seinerzeit der größte von den Freisinger Schlüter-Werken hergestellte Traktor. Mit dieser Leistung stand das sehr fortschrittliche Modell auf dem deutschen Schleppermarkt ziemlich einsam auf weiter Flur. Der 900 V – das „V" in der Typenbezeichnung stand für Vorderradantrieb – konnte entweder mit der neuen Traktomobil-Kabine oder mit einer preisgünstigeren Verdeckkabine geliefert werden. Aufgrund seiner hohen Leistung wurde der Super 900 überwiegend mit Allradantrieb verlangt. Als Vorderachse war hier die ZF-Außenplanetenachse APL 3050 installiert. Der Traktor verfügte über den Sechszylinder-Schlüter-Diesel SD 110 W 6 sowie über das synchronisierte ZF-Gruppengetriebe T 330 II, das wahlweise in 12/6- oder in 16/8-Gang-Ausführung erhältlich war.

Bauzeit	1966–1967
Motor-Bauart	Sechszylinder/Reihe
Hubraum in ccm	7127
Leistung (PS/min)	90/1800
Leergewicht in kg	4000
Antriebsart	Hinterrad
Getriebe	12/6 oder 16/8

Schlüter-Dieselschlepper Super 900

Im Jahr 1966 überarbeitete die Firma Schlüter das gesamte Typenprogramm und präsentierte unter der Bezeichnung „Super" eine völlig neue, in Halbrahmenbauweise konstruierte Schlepperreihe. Diese bestand zunächst aus sechs Fahrzeugen. Die durchweg mit größeren Motoren ausgestatteten Fahrzeuge hatten jetzt Lenkradschaltung. Auch in der Kraftübertragung gab es positive Veränderungen, denn die größeren Typen, wozu auch der Super 900 gehörte, erhielten anstelle der ZF-Leichtschaltgetriebe der Serie A 200 nunmehr die stärkeren und auf sechs Gänge pro Gruppe weiterentwickelten Modelle der Baureihe T 300. Vier Gänge und die Gruppenschaltung waren synchronisiert. Eine Nachrüstung mit zusätzlichen Kriechgängen war möglich. Die Ausführung als Hinterradschlepper wurde vergleichsweise selten verlangt, denn Allradantrieb war in dieser Größenklasse praktisch selbstverständlich.

Bauzeit	1969–1976
Motor-Bauart	Sechszylinder/Reihe
Hubraum in ccm	5670
Leistung (PS/min)	90/2600
Leergewicht in kg	3650
Antriebsart	Hinterrad
Getriebe	10/2

Bührer-Diesel-Industrietraktor FMD 6/10

Weit bekannt als erfolgreicher Hersteller von Industrietraktoren war die schweizerische Firma Bührer. Deren Modelle wurden in erster Linie für schnelle Transportaufgaben im Straßenbetrieb eingesetzt. Sie zogen alle Arten von Anhängern im Wechselbetrieb, beförderten Schwertransporte, befanden sich im Einsatz bei Gemeindeverwaltungen, bei Schaustellerbetrieben, Sägewerken und zahlreichen anderen Verwendern. Die Fahrzeuge unterschieden sich von den landwirtschaftlichen Traktoren durch ihre Ausstattung mit schneller übersetzten Getrieben, schweren Hinterachsen und teilweise ebensolchen Gussfelgen sowie Leichtverdeck oder feste Kabine, ab 1960 in kippbarer Ausführung. Antriebseinheit und Getriebeübersetzung verliehen den Fahrzeugen ein hohes Zugvermögen und eine beachtliche Geschwindigkeit.

Bauzeit	1967–1978
Motor-Bauart	Vierzylinder/Reihe
Hubraum in ccm	6560
Leistung (PS/min)	90/1850
Leergewicht in kg	4820
Antriebsart	Hinterrad
Getriebe	9/6

IFA-Zugtraktor ZT 300

Mit dem Zugtraktor ZT 300 erhielt die DDR-Landwirtschaft ihren ersten im eigenen Land hergestellten und für großflächige Betriebsverhältnisse konzipierten Schlepper. Die Entwicklungsarbeiten an dem Fahrzeug wurden unter dem Druck der von der SED angestrebten Selbstversorgung des Landes mit Agrarprodukten schnell vorangetrieben. So rollte bereits im Februar 1964 das erste Funktionsmuster. Die termingerechte Abwicklung konnte nur deshalb gelingen, weil man viele bereits bestehende Baugruppen aus anderen Industriebereichen verwendete. So wurde das Antriebsaggregat des Standard-Lastwagens W 50 auch für den Traktor verwendet. Im September 1967 begannen die Serienfertigung und die Belieferung der LPG-Betriebe mit dem neuen Standardmodell. Bis 1973 wurde der ZT 300 in rotweißer Lackierung ausgeführt, später in blauweiß.

Bauzeit	1969–1974
Motor-Bauart	Vierzylinder/Reihe
Hubraum in ccm	5210
Leistung (PS/min)	88/2200
Leergewicht in kg	4590
Antriebsart	Allrad
Getriebe	12/4

Massey-Ferguson-Diesel-Allradschlepper MF 1080 A

Mit der ab 1964 eingeführten und unter der treffenden Bezeichnung „Rote Giganten" angebotenen 1000er-Reihe hatte Massey-Ferguson vor allem die Zielgruppe der Großbetriebe im Visier. Es waren mehrere Schleppermodelle, die den Bereich von 88 bis 156 PS nahezu lückenlos abdeckten. Diese zum obersten Leistungsbereich gehörenden Fahrzeuge waren nicht nur für europäische Großbetriebe, sondern auch für die Bewirtschaftung der weiten Anbauflächen in den USA vorgesehen. Hergestellt wurden die 1000er vor allem im MF-Werk Detroit, teilweise aber auch im französischen Werk Beauvais. Dies traf auch auf den Typ 1080 zu, der mit einem 88 PS starken Perkins-Vierzylinder-Direkteinspritz-Diesel ausgerüstet war, Das Modell gab es sowohl mit Hinterrad- als auch mit Allradantrieb zu kaufen.

Bauzeit	1973–1974
Motor-Bauart	Vierzylinder/Reihe
Hubraum in ccm	4952
Leistung (PS/min)	85/2200
Leergewicht in kg	3030
Antriebsart	Hinterrad
Getriebe	10/2 oder 12/6

Hürlimann-Dieselschlepper D 310

Eine Spitzenstellung unter den Hürlimann-Traktoren der frühen 1970er Jahre nahm das mit einem Vierzylinder-Direkteinspritzmotor bestückte Modell D 310 ein. Dieser standardmäßig mit einem 10/2-Gang-Getriebe ausgerüstete Großschlepper konnte auf Wunsch mit einem vollsynchronisierten 12/6-Gang-Gruppenschaltgetriebe bestückt werden. Die auch bei diesem Modell zur Verwendung kommende Vollranksteuerung ermöglichte einen überaus kleinen Wenderadius von nur 3,37 m. Einzelradlenkbremsen, Differenzialsperre, Motorzapfwelle mit Doppelkupplung sowie eine Dreipunkt-Regelhydraulik mit 2450 kg Hubkraft waren weitere Ausrüstungsmerkmale dieses Fahrzeugs. Auf Wunsch konnte eine Seitenhydraulik für die Aushebung des Mähapparats oder der Motoregge angebracht werden. Den Typ D 310 gab es auch mit aufgeladenem Motor sowie mit Allradantrieb.

Bauzeit	1967
Motor-Bauart	Sechszylinder/Reihe
Hubraum in ccm	5100
Leistung (PS/min)	85/2300
Leergewicht in kg	4300
Antriebsart	Allrad
Getriebe	12/4

Deutz-Diesel-Allradschlepper D 9005 A

Der im Jahr 1967 nur in kleiner Stückzahl gebaute Deutz-Allradtraktor D 9005 A war noch um fünf PS stärker als der im Vorjahr vorgestellt D 8005 A. Dieser Großschlepper hatte im Vorgriff auf die neue 06-Reihe bereits einen Sechszylindermotor aus der Baureihe FL 812 erhalten und war mit dem verstärkten ZF-Gruppenschaltgetriebe T 330 ausgerüstet. Das besaß neben acht Vorwärtsgängen vier zusätzliche Kriechgeschwindigkeiten sowie sechs Rückwärtsgänge. Eine weitere Verbesserung, mit der dieses damalige Deutz-Flaggschiff aufwarten konnte, war die hydraulische Bremsanlage. Insgesamt handelte es sich um einen sehr zugstarken, überaus robusten und technisch ausgereiften Traktor, der bei schwersten Arbeiten auf dem Acker, in Wald und Forst, aber auch bei Straßentransporten keine Schwächen zeigte.

Bauzeit	1968–1971
Motor-Bauart	Sechszylinder/Reihe
Hubraum in ccm	5890
Leistung (PS/min)	80/2000
Leergewicht in kg	3390
Antriebsart	Hinterrad
Getriebe	16/7

Eicher-Dieselschlepper Wotan I

Die neue Eicher-Traktoren-Baureihe 3000 wurde ab 1968 etappenweise eingeführt. Dabei wurde besonderer Wert auf größere, leistungsstärkere Schlepper gelegt, denn die Nachfrage nach diesen Fahrzeugen war in den vorangegangenen Jahren stark angestiegen. Das Eicher-Programm bedurfte der Ergänzung, hatten doch viele Mitbewerber gegenüber der Maximalleistung von 62 PS der stärksten Eicher-Modelle der Raubtier-Klasse wesentlich mehr zu bieten. Die neue 3000er-Reihe sollte Abhilfe schaffen. Es begann mit dem Wotan I, den es sowohl als Hinterrad- als auch als Allradschlepper zu kaufen gab. Er verfügte über einen neuentwickelten Sechszylinder-EDK-Motor mit 80 PS und über das teilsynchronisierte Getriebe ZF T 325 II mit insgesamt 16 Vorwärts- und 7 Rückwärtsgängen. Die Bosch/ZF-Regelhydraulik hatte eine Hubkraft von 2900 kg.

Bauzeit	1966
Motor-Bauart	Sechszylinder/Reihe
Hubraum in ccm	5100
Leistung (PS/min)	80/2300
Leergewicht in kg	4320
Antriebsart	Allrad
Getriebe	8/4

Deutz-Diesel-Allradschlepper D 8005 A

Der 1965 vorgestellte Deutz-Großschlepper D 8005 war mit 80 PS das damals stärkste Fahrzeug dieses Anbieters. Mit der im darauffolgenden Jahr lieferbaren Allradausführung war der erste vierradgetriebene Serientraktor der Kölner Deutz-Werke entstanden. Es war ein sehr zugstarkes Fahrzeug, das selbst unter schwersten Belastungen und ungünstigsten Geländeverhältnissen seine Arbeit verrichten konnte. Entsprechend üppig dimensioniert waren seine Bauteile, die aus dem mit einem Massenausgleichsgetriebe ausgerüsteten Sechszylinder-Diesel F 6 L 812 S in Verbindung mit dem ZF-Gruppengetriebe A 230 mit acht Vorwärts- und vier Rückwärtsgängen bestanden. Die mit Außenplanetentrieben ausgeführte Allradvorderachse APL 3050 war ebenfalls ein ZF-Zukaufteil. Serienmäßig vorhanden waren Motorzapfwelle, Doppelkupplung und die Transfermatic-Hydraulikanlage von Deutz mit 2200 kg Hubkraft.

Bauzeit	1966–1971
Motor-Bauart	Sechszylinder/Reihe
Hubraum in ccm	6371
Leistung (PS/min)	80/1800
Leergewicht in kg	4030
Antriebsart	Allrad
Getriebe	12/6 oder 16/8

Schlüter-Diesel-Allradschlepper Super 750 V

Mit dem ab 1966 auch als Hinterradmaschine angebotenen Schlüter-Allradtraktor Super 750 V wurde die bestehende Leistungslücke zwischen den Modellen Super 650 und Super 900 geschlossen. Der mit einem 80 PS starken Sechszylinder-Diesel ausgerüstet Schlepper erhielt das ZF-Gruppenschaltgetriebe T 318 II, das wahlweise mit 12/6 oder 16/8 Gängen zuzüglich der Kriech- und Superkriechgänge aufwarten konnte. Der Allradschlepper besaß serienmäßig die ZF-Fronttriebachse AL 1550, die gegen gesonderte Berechnung durch eine Außenplanetenachse des Baumusters APL 3050 ersetzt werden konnte. Während die immer seltener benötigte Riemenscheibe mittlerweile zum Sonderzubehör gehörte, waren Motorzapfwelle – auf Wunsch auch vorne – sowie Regelhydraulik serienmäßig vorhanden.

Bauzeit	1972–1978
Motor-Bauart	Sechszylinder/Reihe
Hubraum in ccm	5652
Leistung (PS/min)	80/2100
Leergewicht in kg	3625
Antriebsart	Allrad
Getriebe	16/7

Deutz-Diesel-Allradschlepper D 8006 A

Im Jahr 1972 wurde der sowohl mit Hinterrad- als auch mit Vierradantrieb lieferbare Deutz-Schlepper D 8006 durch eine technisch überarbeitete Version abgelöst. Die hauptsächlichen Änderungen betrafen bei der Allradvariante die nun verwendete Sige-Fronttriebachse. Die neue Achse hatte 24er anstelle der bisherigen 20er Bereifung und konnte damit die Motorleistung erheblich besser auf den Boden bringen. Darüber hinaus ersetzte man die ZF/Bosch-Hydraulik durch das mit 3600 kg Hubkraft erheblich leistungsfähigere Transfermatic-System aus eigenem Hause. Ab 1976 gehörten die Spezial-Kabine sowie das Optitrac-Selbstsperrdifferenzial für die Allradvorderachse zum gegen Aufpreis erhältlichen Zubehör. Der D 8006 A war ein für größere Landwirtschaftsbetriebe geeigneter, sehr zugstarker Traktor mit umfangreichem Zubehörprogramm.

Bauzeit	1965–1969
Motor-Bauart	Sechszylinder/Reihe
Hubraum in ccm	4712
Leistung (PS/min)	75/2200
Leergewicht in kg	3380
Antriebsart	Allrad
Getriebe	8/4

Güldner-Diesel-Allradschlepper G 75 A

Der seit 1965 im Verkaufsprogramm gelistete schwere Güldner-Allradschlepper G 75 kann in punkto Größe und Leistung ohne Zweifel als die Krönung des Schlepperbaus dieses Herstellers angesehen werden. Das sehr formschöne und in seiner Größe überaus beeindruckende Fahrzeug mit seinen serienmäßigen 15-30er Hinterrädern war mit einer zuschaltbaren Fronttriebachse des ZF-Baumusters GLA 2554 oder auf Wunsch auch AL 1550 bestückt. Ab 1967 gelangte das besser abgestufte ZF-Feinstufengetriebe des Baumusters T 318 II zur Verwendung, das über mehr als doppelt so viele Gänge verfügte. Die Allradvariante bot im Vergleich zum Hinterradschlepper weitere Leistungsreserven, vor allem, wenn es um Einsätze unter schwierigen Bedingungen ging. Unter der Bezeichnung G 75 AF gab es eine Forstvariante mit einsatzspezifischer Ausrüstung und Arbeitsgeräten.

Bauzeit	1964–1969
Motor-Bauart	Vierzylinder/Reihe
Hubraum in ccm	6786
Leistung (PS/min)	75/1500
Leergewicht in kg	3420
Antriebsart	Hinterrad
Getriebe	5/1 oder 10/2

Hanomag Robust 800

Mit dem im Jahr 1964 vorgestellten schweren Radschleppermodell Robust 800 schlossen die Hanomag-Werke dieser im Grundkonzept noch aus den 1940er Jahren stammende Reihe ab. Als direkter Nachfolger des R 460 entsprach die Formgebung den früheren schweren Schleppern des Hauses. Die verhältnismäßig niedrige Bauweise in Verbindung mit dem langen Radstand ergab eine gute Schwerpunktlage für den hauptsächlich für schwere Zugarbeiten eingesetzten Traktor. Auch wenn kein Allradantrieb vorhanden war, gab der Robust 800 auch in Forst und Gelände eine gute Figur ab. Mit diesen positiven Eigenschaften versuchte das Werk in der Firmenwerbung mit Recht an alte Hanomag-Tugenden anzuknüpfen. Für diesen Boliden wurde als Antrieb ein hubraumstarker Vierzylindermotor verwendet, der ursprünglich nur für Planierraupen und Radlader gedacht war.

Bauzeit	1967–1971
Motor-Bauart	Sechszylinder/Reihe
Hubraum in ccm	4252
Leistung (PS/min)	75/2600
Leergewicht in kg	3730
Antriebsart	Allrad
Getriebe	12/3

Hanomag-Diesel-Allradschlepper Brillant 700 A

Mit einer Leistung von 68 PS (ab 1969 waren es 75) war der auch als Hinterradmaschine erhältliche Brillant 700 A der zweitstärkste Hanomag-Allradschlepper. Die ersten allradgetriebenen Brillant 700 wurden noch mit der ZF-Außenplanetenachse APL-3050 bestückt. Ab 1969 baute man jedoch die bereits im Brillant 600 verwendete einfachere Ausführung AL-1550 ohne Planetentriebe ein. Serienmäßig vorhanden waren Motorzapfwelle mit Doppelkupplung sowie eine Dreipunkt-Regelhydraulikanlage der Kategorie II mit 3000 kg Hubkraft an der Ackerschiene. Die beim Standardschlepper nur optional erhältliche hydraulische Lenkung gehörte beim Allradtraktor zur Serienausstattung. Die Motorhaube war am Stoßbügel kippbar gelagert und konnte auch bei angebautem Frontlader weit nach vorn geklappt werden.

Bauzeit	1969–1975
Motor-Bauart	Vierzylinder/Reihe
Hubraum in ccm	4060
Leistung (PS/min)	75/2200
Leergewicht in kg	2580
Antriebsart	Hinterrad
Getriebe	15/3

Bührer-Dieselschlepper Super Typ RP 21

Im Jahr 1964 hatte die Traktorenfabrik Bührer das sehr fortschrittliche Tractospeed-Getriebe zur Serienreife entwickelt. Es handelte sich um ein rein mechanisches, aus drei Schaltgruppen mit jeweils fünf Vorwärtsgängen und einem Rückwärtsgang bestehendes Getriebe, wobei sich die Fahrkupplung zwischen Haupt- und Gruppenschaltung befand. Die Konstruktion ermöglichte ein blitzschnelles, sicheres Schalten ohne Zwischengas und in jeder Fahrsituation auf Acker oder Straße ohne Rücksicht auf Drehzahl, Geschwindigkeit und Stellung der Zapfwelle. Dieses Getriebe war seiner Zeit weit voraus und wurde seither in allen Bührer-Traktoren eingebaut. So auch in dem mit einem Perkins-Diesel ausgerüsteten Großschlepper-Modell RP 21, welches mit immerhin 367 gefertigten Einheiten zum erfolgreichsten Fahrzeug der Super-Reihe wurde.

Bauzeit	1968–1970
Motor-Bauart	Sechszylinder/Reihe
Hubraum in ccm	5652
Leistung (PS/min)	75/2100
Leergewicht in kg	3155
Antriebsart	Hinterrad
Getriebe	8/4 oder 12/6

Deutz-Dieselschlepper D 7506

Innerhalb der Anfang 1968 vorgestellten Deutz-Traktorreihe 06 erschien unter der Typenbezeichnung D 7506 zur Mitte des Jahres ein kleines Sechszylindermodell. Dieser Traktor ersetzte den Typ D 8005, der mit dem geringfügig schwächeren und drehzahlreduzierten neuen Motor F 6 L 912 ausgerüstet war und in den Genuss zahlreicher Detailverbesserungen gekommen war. Vor allem war es den Konstrukteuren gelungen, das recht hohe Gewicht des Vorgängers deutlich zu reduzieren. Mit dem ZF-Baumuster T 325 erhielt der Schlepper ein verbessertes und stärker belastbares, mit synchronisierter Gruppenschaltung ausgebildetes Getriebe, das wahlweise mit 12/6 und mit 8/4 Gängen geliefert wurde. Motorzapfwelle und Regelhydraulik waren als selbstverständlich voraussetzbare Bestandteile serienmäßig vorhanden.

Bauzeit	1971–1974
Motor-Bauart	Vierzylinder/Reihe
Hubraum in ccm	4034
Leistung (PS/min)	75/2300
Leergewicht in kg	3445
Antriebsart	Hinterrad
Getriebe	8/4 oder 12/4

IHC-Dieselschlepper 824

Im April 1971 stellte International Harvester das Modell 824 vor. Der Vierzylinder-Direkteinspritz-Diesel war zunächst auf 74 PS Dauerleistung eingestellt. Ab März 1973 wurde ein neues Antriebsaggregat mit geringfügig größerem Hubraum verwendet, das nun 75 PS Dauerleistung und 80 PS Maximalleistung erzeugen konnte. Als Getriebe stand entweder das von IH entwickelte, serienmäßig eingebaute 8 + 4-Gruppenschaltgetriebe zur Verfügung oder auf Wunsch gegen Aufpreis das IH-Agriomatic-S Synchron 12 + 4-Wendegetriebe mit hydraulischer Schnellschaltung. Auch das Modell 824 kam ab April 1972 in den Genuss des als Alugrill bezeichneten neuen Frontstylings. Das Kühlerschutzgitter war in Aluminiumspritzguss gefertigt und hatte viereckige Scheinwerfer. Mit insgesamt 5558 innerhalb von vier Jahren verkauften Fahrzeugen wurde der Typ 824 ein großer Erfolg für das Unternehmen.

Bauzeit	1965–1969
Motor-Bauart	Sechszylinder/Reihe
Hubraum in ccm	4712
Leistung (PS/min)	75/2200
Leergewicht in kg	3050
Antriebsart	Hinterrad
Getriebe	8/4

Güldner-Dieselschlepper G 75

Mit dem Großschlepper G 75 präsentierten die Güldner-Werke im Jahr 1965 das Spitzenmodell der berühmten G-Traktorreihe. Die motorische Ausrüstung bestand aus dem Sechszylinder 6 L 79, dessen Leistung zunächst 65 PS betrug. 1967 stieg sie auf 70 und in den letzten Fertigungsmonaten sogar auf 75 PS. Auch beim G 75 wurde ein stiftgeschaltetes ZF-Getriebe aus der Serie A 200 eingebaut, das der größeren Motorleistung gewachsen war. In dieser Kombination boten die technisch ausgereiften, hoch belastbaren und hervorragend verarbeiteten Traktoren technische Spitzenleistung, die ihresgleichen suchte. Als Arbeitsmaschinen waren sie überall dort, wo große Flächenleistungen vor schweren Vollerntemaschinen und anderen zapfwellengetriebenen Geräten erbracht werden mussten, unübertroffen. Lediglich 149 Hinterradschlepper wurden gebaut, Baugröße und Preis verhinderten größere Stückzahlen.

Bauzeit	1971–1976
Motor-Bauart	Vierzylinder/Reihe
Hubraum in ccm	4068
Leistung (PS/min)	74/2000
Leergewicht in kg	2720
Antriebsart	Hinterrad
Getriebe	8/2 oder 12/4

Massey-Ferguson-Dieselschlepper MF 185

Zum Ende der 1960er-Jahre verlangten auch in Europa immer mehr Landwirte leistungsstärkere Traktoren. Diesen Kundenwünschen zollte Massey-Ferguson insofern Beachtung, dass mehr auf den europäischen Markt abgestimmte Schleppermodelle mit höherer Motorleistung entwickelt wurden. Eines dieser Fahrzeuge war der mit dem 74 PS starken Vierzylinder-Perkins-Dieselmotor A 4.248 ausgerüstete MF 185. Dieser Schlepper war werksseitig mit einem in drei Gruppen aufgeteilten Schaltgetriebe mit acht Vorwärts- und zwei Rückwärtsgängen ausgerüstet. Mit Multipower-Getriebe-Ausrüstung standen zwölf Vorwärts- und vier Rückwärtsgänge zur Verfügung. Es war eine starke Maschine, die von Größe und Preis her eindeutig auf große Bauernhöfe zugeschnitten war.

Bauzeit	1968–1971
Motor-Bauart	Vierzylinder/Reihe
Hubraum in ccm	4062
Leistung (PS/min)	73/2000
Leergewicht in kg	3120
Antriebsart	Hinterrad
Getriebe	8/2 oder 12/4

Massey-Ferguson MF 178

Im Rahmen der von Massey-Ferguson herausgebrachten 100er-Traktorenreihe gab es im Jahr 1968 das Modell MF 178, das den bis dato gefertigten Typ 175 ablöste. Diese Maschine trug dem Kundenwunsch nach höherer Leistung Rechnung. Üblicherweise verfügte auch dieser neue Traktor über einen Vierzylinder-Direkteinspritz-Dieselmotor von Perkins, der in diesem Fall 75 PS erzeugte. Der MF 178, der auch mit Allradantrieb geliefert werden konnte, war werksseitig mit einem 8/2-Gang-Gruppengetriebe ausgestattet. Auf Wunsch konnte dieses auch durch ein Multipower-Getriebe ersetzt werden, das zwölf Vorwärts- und vier Rückwärtsgänge hatte. Entsprechend seiner Baugröße verfügte der Traktor über eine mittels Doppelkupplung zu betätigende Motorzapfwelle sowie über eine Dreipunkt-Regelhydraulik mit 1800 kg Hubkraft. Gegen Aufpreis stand eine hydraulische Lenkhilfe zur Verfügung.

Bauzeit	1966–1971
Motor-Bauart	Sechszylinder/Reihe
Hubraum in ccm	5980
Leistung (PS/min)	72/1800
Leergewicht in kg	3560
Antriebsart	Allrad
Getriebe	8/4

Schlüter-Diesel-Allradschlepper Super 650 V

Der Super 650 und sein allradgetriebenes Pendant Super 650 V waren mit 62 PS die kleinsten Schlüter-Traktoren mit Sechszylindermotor. Er trat die Nachfolge des vierzylindrigen S 650 an. 1967 wurde seine Motorleistung auf 65 PS und ab September 1969 nach Einbau eines neuen Direkteinspritz-Diesels mit gleichem Hubraum auf 72 PS gesteigert. Der Super 650 war der einzige Sechszylinder von Schlüter, der mit dem kleineren Gruppenschaltgetriebe ZF A 216 II mit acht Vorwärts- und vier Rückwärtsgängen ausgerüstet war. Dies war auch der Grund für seinen im Vergleich zu den übrigen Sechszylindern kleineren Radstand. Ab 1970 verschwanden die runden Hinterradkotflügel zugunsten einer trapezförmigen Ausführung. Der Allradschlepper war mit der ZF-Vorderachse AL 1550 oder auf Wunsch mit der Außenplanetenachse APL 3050 ausgestattet.

Bauzeit	1970–1974
Motor-Bauart	Vierzylinder/Reihe
Hubraum in ccm	3768
Leistung (PS/min)	70/2300
Leergewicht in kg	2705
Antriebsart	Hinterrad
Getriebe	9/3 oder 12/4

Deutz-Dieselschlepper D 7006

Um die im Verkaufsprogramm bestehende Leistungslücke zwischen dem D 6006 und dem D 8006 zu schließen, brachte Deutz das Modell D 7006 auf den Markt. Bei diesem Modell kombinierte man den leistungsgesteigerten Vierzylindermotor und das Deutz-TW 55.2-Getriebe des D 6006 mit neun Vorwärts- und drei Rückwärtsgängen mit der Vorderachse des D 8006, womit der neue Traktor die vom D 7506 hinterlassene Lücke hinsichtlich Gewicht, Leistung und Abmessungen ausfüllen konnte. Wie alle übrigen 06-Modelle war auch der D 7006 mit einer Kaltstart-Einrichtung ausgerüstet, mit der diesbezügliche Schwierigkeiten bei Temperaturen jenseits von 15 Minusgraden eliminiert wurden. Ab 1972 gelangte neben einem stärkeren Motor das mit einer zusätzlichen Getriebewelle ausgerüstete TW 55.4 mit zwölf Vorwärts- und vier Rückwärtsgängen zum Einbau.

Bauzeit	1969–1974
Motor-Bauart	Vierzylinder/Reihe
Hubraum in ccm	3911
Leistung (PS/min)	67/2200
Leergewicht in kg	2840
Antriebsart	Hinterrad
Getriebe	8/4 oder 12/4

IHC-Dieselschlepper 724

Im Juni 1965 stellte das IH-Werk in Neuss die ersten beiden Mitglieder einer von Grund auf neuen Schlepperreihe vor. Zu dieser bis 1971 auf insgesamt zehn Modelle angewachsenen Traktorfamilie zählte als das zweitstärkste Fahrzeug der Typ 724. Der 724 – eine Weiterentwicklung des Modells 624 – war von der Leistung her eindeutig ein Schlepper für größere Betriebe. Sein hervorstechendstes Merkmal war das serienmäßig vollsynchronisierte IH 8 + 4-Gruppenschaltgetriebe, das auf Wunsch und gegen Mehrpreis durch ein noch bedienungsfreundlicheres Agriomatic S Synchron 12 + 4-Wendegetriebe ersetzt werden konnte. Ab April 1972 wurde der Traktor in aktualisiertem Styling mit dem so genannten Alugrill mit integrierten eckigen Scheinwerfern sowie mit weißlackierten Felgen ausgeliefert.

Bauzeit	1969–1974
Motor-Bauart	Vierzylinder/Reihe
Hubraum in ccm	3911
Leistung (PS/min)	67/2200
Leergewicht in kg	3005
Antriebsart	Allrad
Getriebe	8/4 oder 12/4

IHC-Diesel-Allradschlepper 724 A

Gleichzeitig mit dem Erscheinen des hinterradgetriebenen IH-Traktors 724 wurde eine allradgetriebene Variante mit ZF-Fronttriebachse angeboten. Auch der 724 A verfügte über das vollsynchronisierte IH 8 + 4-Gruppengetriebe. Acker-, Straßen- und Rückwärtsgruppe hatten jeweils vier Gangstufen. Für das noch komfortablere Wendegetriebe IH Agriomatic-S Synchron 12 + 4 mit hydraulischer Schnellschaltung musste der Kunde einen Aufpreis entrichten. Dafür besaß es einen voll belastbaren Kriechgang und war sehr einfach zu bedienen, indem nach Vorwahl der Schaltgruppe und Einlegen des Ganges nur noch der Hebel der Schnellschaltung betätigt werden musste. Ohne Kuppeln und Schalten standen bei jedem Vorwärtsgang zwei Geschwindigkeiten – schnell und langsam – zur Verfügung.

Bauzeit	1965–1968
Motor-Bauart	Vierzylinder/Reihe
Hubraum in ccm	3300
Leistung (PS/min)	65/2200
Leergewicht in kg	2400
Antriebsart	Allrad
Getriebe	6/2

Massey-Ferguson-Allradschlepper DT 7000

Im Jahr 1960 übernahm Massey-Ferguson den italienischen Traktorhersteller Landini. Erst 1956 und nahezu gleichzeitig mit Heinrich Lanz in Mannheim hatte sich Landini als größter italienischer Hersteller von Glühkopfbulldogs von dieser veralteten Technologie verabschiedet und moderne Dieselmodelle ins Programm genommen. Bereits zuvor hatte Massey-Ferguson den Motorenfabrikanten Perkins übernommen, zu dessen Kunden auch Landini zählte. Einige Zeit beließ man dem italienischen Unternehmen nach außen hin noch eine gewisse Selbständigkeit, aus der weitere Traktorkonstruktionen wie der hier vorgestellte DT 7000 entstanden. Dieser robuste Vierzylinderschlepper mit dem Perkins A 4.203-Diesel wurde baugleich auch in den MF-Farben ausgeliefert. Er hatte ein 6/2-Gang-Getriebe sowie eine über die oberen Lenker gesteuerte doppelt wirkende Dreipunkt-Regelhydraulik.

Bauzeit	1968–1972
Motor-Bauart	Vierzylinder/Reihe
Hubraum in ccm	3768
Leistung (PS/min)	62/2300
Leergewicht in kg	3135
Antriebsart	Allrad
Getriebe	9/3 oder 12/4

Deutz-Diesel-Allradschlepper D 6006 A

1968 ging mit der Deutz-06-Schlepperbaureihe auch das Modell D 6006 an den Start. Gegenüber der 05-Reihe traten die neuen 06-Traktoren durch die langgestreckte, kantige Haube sowie die breiten Kotflügel hervor. Die Zweifarbenlackierung in Grün und Platingrau gehörte wie die runden Scheinwerfer zu den Merkmalen dieser Baureihe. Der D 6006 war der vorerst größte mit einem Vierzylindermotor ausgerüstete Traktor im Programm. Er erhielt das Gruppengetriebe TW 55.2 mit neun Vorwärts- und drei Rückwärtsgängen. Während der Hinterradschlepper über eine gefederte Teleskopvorderachse verfügte, besaß der Allradtraktor die ZF-Fronttriebachse APL 1550 in Außenplanetenbauweise. Dies war ein Schlepper mit großen Kraftreserven und für ungünstige Bodenverhältnisse die richtige Alternative.

Bauzeit	1966–1969
Motor-Bauart	Vierzylinder/Reihe
Hubraum in ccm	3927
Leistung (PS/min)	62/2000
Leergewicht in kg	2675
Antriebsart	Allrad
Getriebe	stufenlos

Eicher-Diesel-Allradschlepper Mammut (HR 3002)

Schon seit 1964 hatten sich die Eicher-Werke mit dem stufenlosen hydrostatischen Antrieb befasst. Zwei Jahre später begann der Serienbau des Vierzylindermodells Mammut HR. Keine Gangschaltung und Fahrkupplung, das waren die auffälligen Merkmale dieses neuen Schleppers. Anstelle des üblichen Zahnrad-Stufengetriebes war der HR mit einem reversierbaren hydrostatischen Wandler ausgerüstet. Die Fahrgeschwindigkeit, vor- oder rückwärts, schneller oder langsamer wurde über ein einziges Pedal gesteuert. Die Pedalbewegung nach vorn versetzte den Schlepper in Vorwärtsfahrt, Bewegung nach hinten in Rückwärtsfahrt. Je weiter das Pedal durchgetreten wurde, desto schneller fuhr der Schlepper. Die Zeit war allerdings noch nicht reif für diese interessante Idee. Der hohe Preis tat ein Übriges, größere Verbreitung zu verhindern.

Bauzeit	1969–1970
Motor-Bauart	Vierzylinder/Reihe
Hubraum in ccm	3927
Leistung (PS/min)	62/2000
Leergewicht in kg	2980
Antriebsart	Allrad
Getriebe	8/4

Eicher-Diesel-Allradschlepper Mammut (Typ 3012)

Das Nachfolgemodell des Mammut II aus der Raubtierreihe war innerhalb der neuen 3000er-Serie der Typ Mammut 3011, der 1969 auf dem Markt erschien. Unter Verwendung der ZF-Allradvorderachse GLA 2556 wurde aus dem Hinterradtraktor die Allradmaschine Mammut 3012. Während unter der schlichten, langgestreckten Motorhaube der Vierzylinder-Diesel EDK 4 seinen Dienst verrichtete, wurde als Triebwerk das ZF-Leichtschaltgetriebe A 216 II mit acht Vorwärts- und vier Rückwärtsgängen verwendet. Der serienmäßig montierte Blockhydraulik-Dreipunkt-Kraftheber mit Einhebel-Regelsteuergerät konnte bis zu 1720 kg an der Ackerschiene heben und senken. Ein weiteres serienmäßig vorhandenes Bauteil des Allradschleppers war die mit zwei Geschwindigkeiten arbeitende Motorzapfwelle mit Doppelkupplung.

Bauzeit	1968–1969
Motor-Bauart	Sechszylinder/Reihe
Hubraum in ccm	4712
Leistung (PS/min)	60/2000
Leergewicht in kg	2750
Antriebsart	Hinterrad
Getriebe	8/4

Güldner-Dieselschlepper G 60

Im Jahr 1968 setzten die Güldner-Werke letztmalig zu einer Ergänzung des bestehenden Typenprogramms an. Es handelte sich um das Modell G 60 – ein Fahrzeug, das leistungsmäßig zwischen G 50 und G 75 positioniert wurde. Im G 60 arbeitete der auf 2000 Touren gedrosselte Sechszylinder 6 L 79 des G 75 in Kombination mit dem ZF-Getriebe A 216 II. Zum serienmäßigen Mindestlieferumfang zählten eine Motorzapfwelle mit zwei Drehzahlbereichen und Zweifachkupplung sowie die Dreipunkt-Regelhydraulik mit 2200 kg Hubkraft. Seilwinde mit hydraulischer Bergstütze, Riemenscheibe, Druckluftbremsanlage, Frontlader der Größe III von Baas mit den entsprechenden Arbeitsgeräten, Allwetterverdeck, Raddruckverstärkungsanlage, Lenkradfeststellung und eine Hydroblocklenkung gab es auf Wunsch gegen Aufpreis.

Bauzeit	1968–1969
Motor-Bauart	Sechszylinder/Reihe
Hubraum in ccm	4712
Leistung (PS/min)	60/2000
Leergewicht in kg	2990
Antriebsart	Allrad
Getriebe	8/4

Güldner-Diesel-Allradschlepper G 60A

Das Güldner-Modell G 60 gab es unter der Typenbezeichnung G 60 A auch als vierradgetriebene Bauvariante. In diesem Fall war das Fahrzeug mit einer ZF-Fronttriebachse ausgerüstet. Angetrieben wurde der Schlepper von einem gedrosselten Sechszylinder-Wirbelkammer-Diesel 6 L 79, der auch im Typ G 75 arbeitete. Der Motor war mit dem ZF-Gruppengetriebe A 216 II selbsttragend verblockt. Neben der Motorzapfwelle mit Doppelkupplung und zwei Geschwindigkeiten waren eine Güldner-Bosch-Dreipunkt-Regelhydraulik mit 2200 kg Hubkraft und Regelung nach Zugwiderstand und Lage sowie Differenzialsperre und Traktormeter serienmäßig vorhanden. Druckluftbremsanlage, Verdeck und Heizung, Arbeitsscheinwerfer, Raddruckverstärker und Hydroblocklenkung gehörten zum Zubehör.

Bauzeit	1966–1971
Motor-Bauart	Vierzylinder/Reihe
Hubraum in ccm	3400
Leistung (PS/min)	60/2300
Leergewicht in kg	2420
Antriebsart	Hinterrad
Getriebe	8/4

Hela-Dieselschlepper D 254

Als Ersatz für den Hela-Schlepper D 45 erschien 1966 der Typ D 254. Mit 54 PS stellte er die Oberklasse im Hela-Typenprogramm dar. Das Fahrzeug erhielt ein mit zwei Schalthebeln zu betätigendes 8/4-Gang-Gruppenschaltgetriebe von ZF, das auf Wunsch auch mit einem 16/8-Gang Hela-Untersetzungsgetriebe geliefert werden konnte. Ab 1969 gab es den D 254 auch mit einem 60-PS-Motor. Serienmäßig vorhanden waren neben der Motorzapfwelle ein Dreipunkt-Regel-Kraftheber des Fabrikats Bosch/ZP mit 1800 kg Hubkraft an der Ackerschiene. Allwetter-Verdeck, Frontlader, Seilwinde, Fronthydraulik und Arbeitsscheinwerfer gab es gegen Mehrpreis. Der D 254 war in den Lackierungen rot und grün erhältlich. Von diesem Fahrzeug wurden nur 94 Stück gebaut.

Bauzeit	1972–1974
Motor-Bauart	Vierzylinder/Reihe
Hubraum in ccm	3382
Leistung (PS/min)	60/2180
Leergewicht in kg	2640
Antriebsart	Hinterrad
Getriebe	8/4 oder 12/4

IHC-Dieselschlepper 654

1972 wurde ein neugestaltetes IH-Traktorenprogramm vorgestellt. Die jetzt in einem weltweit vereinheitlichten Styling angebotenen roten Traktoren zeichneten sich durch die in das Frontgitter, den so genannten Alugrill, integrierten eckigen Scheinwerfer aus. Weitere Erkennungsmerkmale waren die Luftschlitze über den Schriftzügen „International" an den Seiten der Motorhauben sowie weißlackierte Felgen. Der mit einem Vierzylinder-Direkteinspritz-Diesel und einem IH-8 + 4-Synchrongetriebe ausgerüstete Typ 654 zählte zu den Messeneuheiten des Jahres. Für diesen beliebten Mittelklassetraktor, den es auch in einer vierradgetriebenen Variante zu kaufen gab, stand auf Wunsch auch das Wendegetriebe ICH Agriomatic S Synchron 12 + 4 mit hydraulischer Schnellschaltung zur Verfügung. Nach nur zweijähriger Bauzeit musste dieser Schlepper der neuen International-Mittelklasse weichen.

Bauzeit	1965–1972
Motor-Bauart	Vierzylinder/Reihe
Hubraum in ccm	3375
Leistung (PS/min)	58/2100
Leergewicht in kg	2640
Antriebsart	Hinterrad
Getriebe	8/4 oder 12/4

IHC-Dieselschlepper 624

Mit dem im Juni 1965 neu eingeführten IH-Schlepper 624 stand ein recht leistungsfähiger 58-PS-Traktor mit Vierzylinder-Dieselmotor zur Verfügung, mit dem annähernd den Leistungsansprüchen in landwirtschaftlichen Großbetrieben entsprochen werden konnte. Den Rückstand gegenüber den meisten Mitbewerbern, die teilweise schon Fahrzeuge mit 70 bis 80 PS anboten, hatte man mit dieser Leistungsgröße allerdings noch nicht vollständig aufgeholt. Den Anschluss wieder herzustellen, blieb späteren Modellen vorbehalten. Werksseitig stand der 624 mit einer Höchstleistung von 61 PS nach SAE-Norm in den Listen. Abgesehen von seinem stärkeren Motor entsprachen Getriebe und Ausrüstung dem kleineren Typ 523. Die 24.690 verkauften Einheiten waren ein Indiz dafür, dass dieser Traktor durchaus eine marktgerechte Baugröße darstellte.

Bauzeit	1967–1972
Motor-Bauart	Vierzylinder/Reihe
Hubraum in ccm	3375
Leistung (PS/min)	58/2100
Leergewicht in kg	2990
Antriebsart	Allrad
Getriebe	8/4 oder 12/4

IHC-Diesel-Allradschlepper 624 A

Zwischen 1967 und 1972 gab es parallel zum hinterradgetriebenen Dieselschlepper 624 auch eine Allradausführung 624 A. Obwohl die gebaute Stückzahl unbekannt ist, steht außer Zweifel, dass auch der Allradschlepper innerhalb der neuen Traktorreihe auf reges Interesse stieß. Mit seinem 58 PS starken Vierzylinder-Dieselmotor zählte dieser handliche Schlepper damals bereits zur gehobenen Leistungsklasse. Abgesehen von der zuschaltbaren ZF-Fronttriebachse wies der vierradgetriebene Schlepper zum Standardfahrzeug kaum Unterschiede auf. Als Getriebe standen zwei verschiedene Ausführungen zur Verfügung. Die Motorzapfwelle mit Zweifachkupplung sowie die hauseigene Exact-Regelhydraulik mit Dreipunktaufhängung waren klassenübliche Bestandteile der Serienausstattung.

Bauzeit	1967
Motor-Bauart	Vierzylinder/Reihe
Hubraum in ccm	3400
Leistung (PS/min)	58/2300
Leergewicht in kg	2065
Antriebsart	Hinterrad
Getriebe	8/4

Deutz-Dieselschlepper D 6005

Ab Mitte der 1960er Jahre wuchs die Nachfrage nach Traktoren mit mehr als 50 PS beständig. Aus diesem Grund konstruierte Deutz mit dem Baumuster TW 55 auch für diese Leistungsklasse ein eigenes Getriebe. Es besaß Klauenschaltung mit drei ineinander geschalteten Gruppen. So wurde eine sehr feine Gangabstufung speziell im Hauptarbeitsbereich möglich, ohne dass die Zahl der Gänge extrem vergrößert werden musste. Dieses Getriebe wurde im 1967 neu vorgestellten Modell D 6005 verwendet. Eine weitere Verbesserung war ein jetzt montierter Vierzylinder-Direkteinspritz-Dieselmotor mit 58 PS. Der D 6005 war ein bereits in größeren Betrieben einsetzbarer Universalschlepper. Die Teleskop-Pendelvorderachse mit Einzelradfederung und die serienmäßig vorhandene Deutz-Hydroblocklenkung trugen sehr zu einem angenehmen Fahrverhalten bei.

Bauzeit	1967–1969
Motor-Bauart	Vierzylinder/Reihe
Hubraum in ccm	3142
Leistung (PS/min)	58/2600
Leergewicht in kg	2970
Antriebsart	Hinterrad
Getriebe	12/3

Hanomag-Dieselschlepper Brillant 600

Im Herbst 1967 präsentierten die Hanomag-Werke eine völlig neue –zugleich ihre letzte – Schlepperreihe. Die starken Traktoren bildeten die obere Klasse eines nunmehr aus elf Typen bestehenden fortschrittlichen Schlepperprogramms, das damit den Leistungsbereich von 25 bis 85 PS abdeckte. Endlich war es gelungen, ein im Gegensatz zu den vorausgegangenen Jahren auf nur wenigen Grundtypen basierendes, sehr übersichtliches und technisch ausgereiftes Fahrzeugangebot auf die Räder zu stellen, das den gestiegenen Forderungen des Marktes angepasst war. Kleinster Typ und Einstiegsmodell der Reihe war der Vierzylinder-Traktor Brillant 600 mit 58 PS und dem neuentwickelten 12/3-Gang-Hanomag-Gruppenschaltgetriebe. 19.250 Mark betrug sein Preis einschließlich des Dreipunkt-Regelkrafthebers in der Grundausrüstung.

Bauzeit	1967–1970
Motor-Bauart	Vierzylinder/Reihe
Hubraum in ccm	3142
Leistung (PS/min)	58/2600
Leergewicht in kg	3410
Antriebsart	Allrad
Getriebe	12/3

Hanomag-Diesel-Allradschlepper Brillant 600 A

Der parallel zum Standardschlepper Brillant 600 gefertigte Allradschlepper Brillant 600 A war der kleinste Hanomag-Traktor, der über Vierradantrieb verfügte. Von der hinterradgetriebenen Bauvariante unterschied er sich durch die ZF-Fronttriebachse AL-1550, das höhere Gewicht und den etwas größeren Wendekreis. Bei tiefer Schwerpunktlage besaß das Fahrzeug mit seinem über die Vorderachse vorgezogenen Motor günstige Gewichtsverteilung und optimale Nutzung der Motorleistung als Zugkraft. Die serienmäßige Hanomag-Dreipunkt-Regelhydraulik verfügte über eine maximale Hubkraft von 3000 kg. Schon der Brillant 600 A war ein starker Zugschlepper, der sowohl für größere landwirtschaftliche Betriebe als auch mit entsprechender Sonderausrüstung für die Forstwirtschaft bestens geeignet war.

Bauzeit	1964–1967
Motor-Bauart	Vierzylinder/Reihe
Hubraum in ccm	2976
Leistung (PS/min)	55/2300
Leergewicht in kg	2580
Antriebsart	Hinterrad
Getriebe	16/4

Fendt-Dieselschlepper Favorit 3

Mit der Vorstellung des Modells Favorit 3 im Oktober 1963 verwendeten die Fendt-Werke erstmals einen Vierzylinder-Motor in ihrem Bauprogramm. Außerdem überschritt man die 50-PS-Marke, was auf die Forderung der Landwirtschaft nach Schleppern größerer Leistung zurückzuführen war. Beinahe stufenlos arbeitete das in Zusammenarbeit mit ZF entstandene Halbsynchrongetriebe, dessen insgesamt 16 Vorwärts- und vier Rückwärtsgänge – davon waren vier Gangstufen als Superkriechgänge ausgebildet – den Geschwindigkeitsbereich von 0,25 bis 20 km/h abdeckten. Über einen Vorschalthebel ließ sich außerdem jeder Gang um 25 Prozent Leistung verringern. Eine wichtige Neuerung war die Fendt-Dreipunkt-Regelhydraulik mit 1800 kg Hubkraft. Obligatorisch für diese Klasse war die Ausrüstung mit einer Motorzapfwelle, die im Listenpreis von 19.240 Mark bereits enthalten waren.

Bauzeit	1968–1972
Motor-Bauart	Vierzylinder/Reihe
Hubraum in ccm	2976
Leistung (PS/min)	55/2400
Leergewicht in kg	2455
Antriebsart	Hinterrad
Getriebe	13/4

Fendt-Dieselschlepper Farmer 4 S

Zu den 1968 neu vorgestellten Fendt-Traktormodellen gehörte der Dieselschlepper Farmer 4 S, der auch in der Allradausführung 4 SA angeboten wurde. Beide Varianten hatten den 55 PS starken wassergekühlten Vierzylinder-Direkteinspritz-Diesel D 208-4 von MWM. Das serienmäßig installierte Gruppenschaltgetriebe bestand aus 13 Vorwärts- und vier Rückwärtsgängen. Optional und gegen Aufpreis stand ein Wendegetriebe zur Verfügung. Besonders beim Frontladereinsatz war diese Getriebeausführung sehr von Nutzen. Neben einer Kriechganggruppe stand eine ölhydraulische Voith-Strömungskupplung zur Verfügung. Die Fendt-Regelhydraulik leistete 2000 kg Hubkraft an der Ackerschiene. Dieser Hinterradschlepper war ein leistungsstarkes Fahrzeug im oberen Mittelklassebereich.

Bauzeit	1965–1966
Motor-Bauart	Vierzylinder/Reihe
Hubraum in ccm	3400
Leistung (PS/min)	52/2300
Leergewicht in kg	2450
Antriebsart	Hinterrad
Getriebe	8/4

Deutz-Dieselschlepper D 5505

Der mit dem gut abgestuften ZF-Leichtschaltgetriebe des Baumusters A 216 ausgestattete Deutz-Schlepper D 5505 erwies sich als sehr vielseitig verwendbares Fahrzeug. Außerdem war er mit einem laufruhigeren, mit einem Massenausgleichsgetriebe ausgestatteten Antriebsaggregat aus der FL 812-Motorenbaureihe bestückt. Das ZF-Getriebe verfügte über Bolzenschaltung, die mit Gruppen- und Hauptschalthebel betätigt wurde, und somit über eine Teilsynchronisation. Motorzapfwelle und die neue Transfermatic-Regelhydraulik mit 2200 kg Hubvermögen waren serienmäßig vorhanden. Weiteres Sonderzubehör wie eine 6-t-Seilwinde mit Bergstütze, Riemenscheibe, Fritzmeier-Allwetterverdeck, eine Heizungsanlage für den Fahrerraum und den Frontlader gab es gegen Aufpreis. Der D 5505 war ein Fahrzeug zum Einsatz auf größeren Höfen.

Bauzeit	1968–1974
Motor-Bauart	Vierzylinder/Reihe
Hubraum in ccm	3768
Leistung (PS/min)	52/2300
Leergewicht in kg	2445
Antriebsart	Hinterrad
Getriebe	8/2 oder 12/4

Deutz-Dieselschlepper D 5506

Auch das zur neuen 06-Traktorenreihe von Deutz zählende Modell D 5506 gehörte zu den bereits 1968 vorgestellten Fahrzeugen. Dieser 52 PS starke Schlepper löste den bisherigen Typ D 5505 mit gleicher Leistung ab. Der neue Vierzylindermotor F 4 L 912 aus der FL 912-Motorenreihe war mit einem größeren Hubraum ausgestattet. Als Getriebe wurde nun das neue Deutz TW 50.1 mit acht Vorwärts- und vier Rückwärtsgängen installiert. Einschließlich der gegen Aufpreis erhältlichen Kriechganggruppe standen sogar zwölf voll synchronisierte Vorwärtsgänge zur Verfügung. Serienmäßige Ausrüstungskomponenten waren die Motorzapfwelle und die Bosch-Deutz-Regelhydraulik mit 1700 kg Hubvermögen. Darüber hinaus stand umfangreiches, für den Einsatz auf größeren Höfen notwendiges Sonderzubehör zur Verfügung.

Bauzeit	1965–1975
Motor-Bauart	Dreizylinder/Reihe
Hubraum in ccm	3294
Leistung (PS/min)	50/2200
Leergewicht in kg	2215
Antriebsart	Hinterrad
Getriebe	8/2 oder 10/2

Ford-Dieselschlepper Typ 4000

Zu den von der Ford Motor Company in Michigan/USA im Jahr 1965 neu vorgestellten Modellen gehörte der Typ 4000. Mit seinem anfangs 41, ab 1968 50 PS starken wassergekühlten Dreizylinder-Direkteinspritz-Diesel zählte dieses handliche, auch in einer Allradausführung erhältliche Traktormodell zur gehobenen Mittelklasse. Serienmäßig war der Typ 4000 mit einem 8/2-Gang-Gruppenschaltgetriebe bestückt, das auf Wunsch durch das 10/2-Gang Select-O-Speed-Lastschaltgetriebe mit hydraulischer Zweikreiskupplung und Gangwechsel ohne zu kuppeln erhältlich war. Der am Heck installierte Dreipunkthydraulik-Kraftheber verfügte über 1450 kg Hubkraft an der Ackerschiene. Der Ford 4000 war mit seinem ausgewogenen Preis-Leistungsverhältnis der meistverkaufte Traktor der 1000er-Reihe. Die Exemplare für den europäischen Markt wurden in Antwerpen montiert.

Bauzeit	1964–1968
Motor-Bauart	Vierzylinder/Reihe
Hubraum in ccm	3927
Leistung (PS/min)	50/2000
Leergewicht in kg	2525
Antriebsart	Hinterrad
Getriebe	8/4

Eicher-Dieselschlepper Mammut I (EM 500)

1964 lief die Produktion des Mammut-Modells ED 500 aus. An seine Stelle trat ein als Mammut I bezeichneter Traktor, der sich in vielen Merkmalen von seinem Vorgänger unterschied. In erster Linie war es der neue Vierzylinder-Motor aus der Eicher-EDK-Baureihe. Hinzu kam geringfügig kleinere Hinterradbereifung. Der Bosch-Eicher-Dreipunktkraftheber mit Regelhydraulik wurde auf 1600 kg Hubkraft verstärkt. Die werksseitige Ausrüstung dieses bereits zur gehobenen Leistungsklasse zählenden Schleppers entsprach dem üblichen Standard seiner Baugröße mit serienmäßigem Kraftheber, Motorzapfwelle und Doppelkupplung. Das Fritzmeier-Allwetterverdeck M 214, Baas-Eicher-Frontlader der Größe III mit 600 kg Nutzlast, Riemenscheibe, Seilwinde und Mähwerk wurden gesondert in Rechnung gestellt. Der ab 1965 als Mammut 504 bezeichnete Traktor blieb bis 1968 im Programm.

Bauzeit	1962–1967
Motor-Bauart	Vierzylinder/Reihe
Hubraum in ccm	2799
Leistung (PS/min)	50/2300
Leergewicht in kg	2585
Antriebsart	Hinterrad
Getriebe	10/2

Hanomag-Dieselschlepper Brillant 600

Der im Oktober 1962 unter Verwendung eines neuen Wirbelkammer-Dieselmotors vorgestellte Brillant 600 war der größte Hanomag-Halbrahmenschlepper. Ausgerüstet mit einem 50-PS-Motor trat er die Nachfolge der bis dato in zahlreichen Varianten angebotenen R 442-Typen Brillant und Robust – einschließlich des R 442/50 Robust mit Roots-Lader – an. Der nun verwendete umgebaute Vorkammer-Dieselmotor erhielt andere Zylinderköpfe mit eingesetzten Wirbelkammern, neue Kolben und wurde mit dem Zusatz „CR" – in diesem Fall also D 28 CR – bezeichnet. Im Zuge der weiteren Veränderungen wurden die Drehzahl heraufgesetzt und die Verdichtung geringfügig reduziert. Die Summe aller Maßnahmen ergab einen Motor mit verringertem Kraftstoffverbrauch und ruhigerem Lauf. Zur Zeit seines Erscheinens war der Hanomag Brillant 600 ein starkes Fahrzeug für den Großbetrieb.

Bauzeit	1967–1970
Motor-Bauart	Dreizylinder/Reihe
Hubraum in ccm	2356
Leistung (PS/min)	48/2600
Leergewicht in kg	2070
Antriebsart	Hinterrad
Getriebe	9/3

Hanomag-Dieselschlepper Granit 500 E

Im Jahr 1967 brachten die Hanomag-Werke den Typ 500 E auf den Markt. Mit 48 PS Motorleistung war er der stärkste Dreizylinder des Hauses und gleichzeitig der stärkste Tragschlepper überhaupt. Er füllte die Leistungslücke zwischen dem 40-PS-Schlepper Granit 500 und dem neuen Brillant 600 mit 58 PS. Das Fahrzeug war für den Zwischenachsgeräteanbau vorgesehen und besaß ein in drei Schaltgruppen untergliedertes Leichtschaltgetriebe aus eigenem Hause. Das neu entwickelte Antriebsaggregat D 131 R 2 war als Kompaktmotor mit quadratischem Bohrung-Hub-Verhältnis konzipiert. Dieser vielseitig einsetzbare Traktor repräsentierte den oberen Mittelklassebereich und machte auch vor schwereren zapfwellengetriebenen Anhängegeräten nicht schlapp. Frontlader, Mähwerk und Zwischenachsgeräte konnten gleichzeitig angebaut und, ohne einander zu behindern, betrieben werden.

Bauzeit	1968–1972
Motor-Bauart	Vierzylinder/Reihe
Hubraum in ccm	2976
Leistung (PS/min)	48/2125
Leergewicht in kg	2405
Antriebsart	Hinterrad
Getriebe	13/4

Fendt-Dieselschlepper Farmer 3 S (FW 238/11)

Ab 1968 wurde auch der Farmer 3 S in der neuen, kantigen Haubenform ausgeliefert. Diese aktualisierte Ausführung wurde im Hause Fendt betriebsintern als die „moderne Serie“ bezeichnet. Die Gelegenheit nutzte man, um gleichzeitig die Motorleistung per Drehzahlerhöhung um 3 PS sowie den Betriebsdruck der 2000 kg Hubkraft entwickelnden Regelhydraulikanlage zu steigern. Die Pendelvorderachse des Hinterradschleppers war nun einzelradgefedert, was den Fahrkomfort weiter verbesserte. Ein installierter Drehmomentwandler diente auf Hebeldruck zur Zugkrafterhöhung an Steigungen oder bergab als zusätzliche Motor- und Getriebebremse. Wie schon sein seit 1966 angebotener Vorgänger gleichen Namens war der Farmer 3 S mit einer ölhydraulischen Kupplung ausgerüstet. Es war der erste Fendt-Schlepper, der diese hausintern als Turbomatik bezeichnete Einrichtung erhielt.

Bauzeit	1968–1974
Motor-Bauart	Dreizylinder/Reihe
Hubraum in ccm	2826
Leistung (PS/min)	48/2300
Leergewicht in kg	1995
Antriebsart	Hinterrad
Getriebe	8/4 oder 12/4

Deutz-Dieselschlepper D 5006

Anfang 1968 stellte Deutz die ersten Modelle der neuen 06-Traktorbaureihe vor. Zu den ersten gehörte der Typ D 5006. Mit 48 PS war dies ein handfester Schlepper der gehobenen Mittelklasse, der von einem Dreizylinder-Dieselmotor angetrieben wurde. Neben dem Antriebsaggregat aus der FL 912-Serie gelangte das Synchrongetriebe TW 50.1 zur Verwendung. Dieses gab es als 8/4- oder – mit Kriechgängen zwischen 0,4 bis 1,7 km/h – als 12/4-Ausführung. Infolge seiner durch das Getriebe bedingten größeren Auswahl an Spurweiten gab es den D 5006 entweder mit einem Kraftheber der Kategorie I oder mit einem der Kategorie II. Für diesen Schlepper gab es gar eine so genannte Duo-Zapfwelle mit zwei Geschwindigkeiten. Erwähnenswert bei diesem Modell ist auch die gegen Spritzwasser geschützte Scheibenbremsanlage.

Bauzeit	1963–1970
Motor-Bauart	Dreizylinder/Reihe
Hubraum in ccm	2944
Leistung (PS/min)	45/2000
Leergewicht in kg	1560
Antriebsart	Hinterrad
Getriebe	8/4

Eicher-Schmalspurschlepper Puma II (ES 400)

Der seit 1963 angebotene Schmalspurtraktor Puma II mit Dreizylindermotor bestand in seinen Hauptbaugruppen aus Teilen des Standardtraktors Königstiger EM 300. Innerhalb der Kategorie der so genannten schmalspurigen „Weinbergschlepper“ war der Puma II eine überaus starke Maschine, bei der auch in der Lebensdauer keine Unterschiede zum Standardschlepper festzustellen war. Nicht ohne Berechtigung wurde er in der Firmenwerbung als „Zwerg mit Riesenkraft“ herausgestellt. Er war mit dem 8/4-Gang-Gruppenschaltgetriebe ZF A 210 II und einem Regelkraftheber mit 1100 kg Hubkraft ausgerüstet. Seine Leistung wurde beständig aufgewertet: von 38 auf 40 PS im Jahr 1964 und schließlich 1968 auf 45 PS. Wie bei den Schmalspurmodellen üblich, ließen sich die Spurweiten von Vorder- und Hinterachse mehrfach verstellen.

Bauzeit	1968–1974
Motor-Bauart	Dreizylinder/Reihe
Hubraum in ccm	2826
Leistung (PS/min)	45/2300
Leergewicht in kg	2355
Antriebsart	Allrad
Getriebe	8/4 oder 12/4

Deutz-Diesel-Allradschlepper D 5006 A

Dem 1968 vorgestellten Standardschlepper D 5006 wurde im gleichen Jahr die vierradgetriebene Variante D 5006 A zur Seite gestellt. Auch in diesem Fahrzeug war der 48 PS starke Dreizylinder-Direkteinspritzmotor F 3 L 912 mit dem Gruppenschaltgetriebe TW 50.1. kombiniert. Das 8/4-Leichtschaltgetriebe war teilsynchronisiert und konnte auf Wunsch mit vier zusätzlichen Kriechgängen im Bereich von 0,4 bis 1,7 km/h zu einem 12/4-Gang-Getriebe erweitert werden. Der Allradschlepper verfügte über die zuschaltbare Fronttriebachse des Baumusters 3500 von Sige und über eine Motorzapfwelle mit Doppelkupplung. Serienmäßig vorhanden war die Deutz-Transfermatic-Regelhydraulikanlage mit 1700 kg Hubkraft, an die bis zu drei Zusatzsteuergeräte angeschlossen werden konnten. Von diesem kleinen Allradschlepper entstanden nur verhältnismäßig kleine Stückzahlen.

Bauzeit	1965–1966
Motor-Bauart	Vierzylinder/Reihe
Hubraum in ccm	3400
Leistung (PS/min)	45/2300
Leergewicht in kg	2065
Antriebsart	Hinterrad
Getriebe	6/2 oder 8/4

Deutz-Dieselschlepper D 5005

Mit dem Typ D 5005 schloss Deutz die Lücke im Verkaufsprogramm, die das zum Schluss 40 PS starke Modell D 40.1 S hinterlassen hatte. An Gewicht hatte der neue Schlepper zwar kaum etwas eingebüßt, und seine Abmessungen blieben – bis auf die geringere Breite – nahezu unverändert. Dafür war er mit 45 PS aber deutlich stärker als sein Vorgänger. Der luftgekühlte Vierzylinder-Dieselmotor besaß ein Massenausgleichsgetriebe, um Schwingungen zu dämpfen und die Laufruhe zu erhöhen. In Anbetracht der höheren Leistung hatte man das 6/2-Gang-Deutz-Getriebe T 50 gewählt. Da bei diesem Triebwerk die Gangzahl mit sechs Vorwärtsgängen zu klein war, erschien 1967 noch für kurze Zeit ein überarbeitetes Modell mit einem 8/4-Gruppenschaltgetriebe. Für guten Fahrkomfort sorgte eine serienmäßige einzelradgefederte Teleskopvorderachse, die einen großen Ausziehbereich besaß.

Bauzeit	1965–1970
Motor-Bauart	Dreizylinder/Reihe
Hubraum in ccm	3246
Leistung (PS/min)	45/2000
Leergewicht in kg	2230
Antriebsart	Hinterrad
Getriebe	9/4

Hela-Dieselschlepper D 548

Der 1965 vorgestellte Hela-Dieselschlepper D 548 war ein kräftiges Fahrzeug mit dem hauseigenen Hela AD 2-Motor. Dieses Modell gehörte zu den letzten Fahrzeugen mit Hela-Motoren, bevor die Produktion endgültig eingestellt wurde. Der Dreizylinder – als stärkster Hela-Motor – wurde bis Anfang der 1970er Jahre gebaut. Bei den insgesamt nur etwas mehr als 7000 gefertigten Hela-Motoren war dies ein sehr teures Experiment; der Bezug bewährter MWM-Aggregate wäre die Hermann-Lanz-Werke weitaus preiswerter gekommen. Der D 548 war ein moderner Traktor mit der neuen, aktualisierten zweigeteilten Kühlerfront. Das Gruppenschaltgetriebe D 45 mit neun Vorwärts- und vier Rückwärtsgängen war eine noch in Schubradbauweise konstruierte Eigenentwicklung. Da sich die Hela-Schlepperproduktion bereits im Niedergang befand, kam der D 548 nur noch auf 124 Einheiten.

Bauzeit	1966–1967
Motor-Bauart	Vierzylinder/Reihe
Hubraum in ccm	2976
Leistung (PS/min)	45/2125
Leergewicht in kg	2655
Antriebsart	Allrad
Getriebe	13/5

Fendt-Diesel-Allradschlepper Farmer 3 SA (FWA 238/7)

Mit dem 1966 vorgestellten Mittelklasse-Schlepper Farmer 3 S rundete Fendt die Produktpalette nach oben hin ab. Dieser moderne Traktor bot einen deutlichen Zuwachs an technischem Fortschritt, Sicherheit und Fahrkomfort. Als Antriebsaggregat diente der auf 45 PS gedrosselte Vierzylinder-Direkteinspritz-Diesel D 208-4 von MWM. Durch das Direkteinspritzverfahren, bei dem der Kraftstoff direkt in den Kompressionsraum eingespritzt wird, war eine gleichmäßige Wärmeverteilung gewährleistet. Dadurch eignete sich der Motor auch für den Einsatz in tropischen Ländern. Verwendet wurde das Fendt-Gruppenschaltgetriebe mit 13 Vorwärtsgängen, drei zusätzlichen Kriechgeschwindigkeiten und einem Schnellgang. Mit einem Schalthebel konnten alle Gänge über einen Drehmomentwandler (mit Ausnahme des Schnellgangs) um etwa 30 Prozent in der Zugkraft oder der Geschwindigkeit verändert werden.

Bauzeit	1968–1971
Motor-Bauart	Dreizylinder/Reihe
Hubraum in ccm	2945
Leistung (PS/min)	45/2000
Leergewicht in kg	2055
Antriebsart	Hinterrad
Getriebe	8/4

Eicher-Dieselschlepper Königstiger I (Typ 3007)

Im Frühjahr 1968 lief bei Eicher eine umfassende Erneuerung des Typenangebots der Standardtraktoren an. Im Wesentlichen setzte man auf bewährte Technik wie EDK-Motoren und Getriebe der Serie A 200 von ZF. Raubtiernamen sorgten für gute Übersicht. Zu den Neuerungen gehörte vor allem die glatte, gestraffte Form der 3000er-Schlepperreihe. Der unter der Typenbezeichnung 3007 geführte Königstiger I war mit 45 PS das dritte Modell innerhalb der Reihenhierarchie. Es unterschied sich vom Vorgänger EM 300 zudem durch das weiterentwickelte, in drei Arbeitsgruppen untergliederte ZF-Getriebe A 210 III. Auch dieser Traktor verfügte über die neue, für den Schlepperfahrer ergonomisch günstige Seitenschaltung, die zudem den freien Durchstieg zwischen Lenkrad und Fahrersitz ermöglichte.

Bauzeit	1968–1973
Motor-Bauart	Dreizylinder/Reihe
Hubraum in ccm	2944
Leistung (PS/min)	45/2000
Leergewicht in kg	2330
Antriebsart	Allrad
Getriebe	8/4

Eicher-Diesel-Allradschlepper Königstiger I (Typ 3010)

Zusammen mit den Dieselschleppern Tiger I und II gingen auch die Typen Königstiger I und II aus der neuen 3000er-Traktorenreihe im Jahr 1968 bei Eicher in die Serienproduktion. Technisch neu waren unter anderem die ergonomisch günstige Seitenschaltung, die Duplokup-Zweipedalbedienung der Doppelkupplung zur Betätigung der Motorzapfwelle, eine neue Vorderachse mit Einzelrad-Gummifederung und der gegossene Vorderachsbock. Der Allradschlepper Königstiger I war mit dem EDK 3-Motor sowie mit dem weiterentwickelten ZF-Getriebe A 210 III und der ZF-Allradvorderachse GLA 2556 bestückt. Es war der kleinste Allradschlepper im Eicher-Programm, bei dem Motorzapfwelle und hydraulischer Dreipunkt-Regelkraftheber zum werksseitigen Mindestlieferumfang gehörten.

Bauzeit	1968–1970
Motor-Bauart	Dreizylinder/Reihe
Hubraum in ccm	2356
Leistung (PS/min)	40/2600
Leergewicht in kg	2070
Antriebsart	Hinterrad
Getriebe	9/3

Hanomag Granit 500

Ab 1968 wurde auch der Granit 500 der Hanomag-Werke mit einem Antriebsaggregat aus der neuen Kompakt-Baureihe bestückt. Verwendet wurde der Dreizylinder D 131 R, der bereits im folgenden Jahr durch den hubraumstärkeren Motor D 132 R 1 ersetzt wurde. Das Kühlerschutzgitter und geänderte Seitenbleche sollten auch optisch die Verwandtschaft zu den neuen Vier- und Sechszylindermodellen betonen. Das schon im Vorgänger verwendete und bewährte Hanomag-Leichtschalt-Gruppengetriebe G 235 mit neun Vorwärts- und drei Rückwärtsgängen blieb auch dem neuen Modell erhalten. Noch im Verlauf des Erscheinungsjahrs ersetzte man die bis dahin verwendete Pilot-II-Hydraulik zu Gunsten einer Pilot-III-Regelhydraulik mit 1650 kg Hubkraft an der Schiene. Der Listenpreis dieses Modells betrug 14.630 Mark.

Bauzeit	1963–1968
Motor-Bauart	Dreizylinder/Reihe
Hubraum in ccm	2944
Leistung (PS/min)	40/2000
Leergewicht in kg	2150
Antriebsart	Allrad
Getriebe	8/4

Eicher-Diesel-Allradschlepper Königstiger A (EA 400)

Seit 1963 gab es unter der technischen Bezeichnung EA 400 eine Allradausführung des Modells Königstiger. Bei diesem Fahrzeug wurde die ZF-Allradvorderachse GLA 2550 über eine Gelenkwelle vom Getriebe aktiviert und war während des Fahrens und unter Last ein- und ausschaltbar. Der vierradgetriebene Traktor hatte einen verstärkten Vorderachsbock und verfügte über den 40 PS starken Eicher-Dreizylinder-Dieselmotor EDK 3. Als Triebwerk kam das Gruppenschaltgetriebe A 210 II von ZF mit 8/4 Gangstufen zum Einbau. Es war ein sehr kompakter und leistungsstarker, wenn auch im Vergleich zum Standardtraktor mit 21.460 Mark recht teurer Schlepper. Schon allein diese Tatsache sorgte dafür, dass sich seine Verbreitung auf jene Gebiete beschränkte, in denen auf Allradantrieb nicht verzichtet werden konnte.

Bauzeit	1962–1968
Motor-Bauart	Dreizylinder/Reihe
Hubraum in ccm	2944
Leistung (PS/min)	40/2000
Leergewicht in kg	1850
Antriebsart	Hinterrad
Getriebe	8/4

Eicher-Dieselschlepper Königstiger (EM 300)

Im Jahr 1962 wurde das Eicher-Modell Königstiger im Rahmen der Modellpflege gründlich überarbeitet. Er erhielt das weiterentwickelte ZF-Getriebe A 210 II mit identischer Schaltgruppenunterteilung, was einen geringfügig größeren Radstand verursachte. Die Scheinwerfer wanderten vom Vorderachsbock an die Motorhaube. Bedeutsam war auch die Regelhydraulik mit Oberlenkerregelung, die mit 1200 kg erhöhte Hubkraft aufwies. Die Motorleistung des Typs Königstiger wurde beständig angehoben. Sie stieg von ursprünglich 35 auf 38 und ab 1965 auf 40 PS. Analog dazu kletterte auch der Verkaufspreis des Schleppers. Seit 1964 wurde das ZF-Getriebe A 210 III eingeführt. Bei Anbau eines Frontladers, der eine maximale Hubkraft von 960 Kilogramm besaß, ließ sich gegen geringen Aufpreis eine verstärkte Vorderachse bestellen.

Bauzeit	1972–1980
Motor-Bauart	Dreizylinder/Reihe
Hubraum in ccm	2826
Leistung (PS/min)	40/2300
Leergewicht in kg	1920
Antriebsart	Hinterrad
Getriebe	8/2 oder 8/4

Deutz-Dieselschlepper D 4506

1972 erweiterte Deutz das Verkaufsprogramm um das 40-PS-Modell D 4506, mit dem eine Leistungslücke geschlossen wurde. Den Antrieb übernahm der luftgekühlte Dreizylinder-Direkteinspritz-Dieselmotor F 3 L 912. Für diesen Traktor standen zwei Getriebeausführungen zur Auswahl. In der Bauvariante U war es die Variante TW 35.2 mit 8/2-Gangstufen, dessen Gänge 3 und 4 über Bolzenschaltung, die übrigen und die Gruppe noch über Schubradschaltung verfügten. Bei dem auf Wunsch gegen Aufpreis in der Variante ULD erhältlichen TW 35.4-Getriebe mit 8/4 Gängen funktionierten die Gruppen teilweise mittels Bolzenschaltung, während sämtliche Gänge vollsynchronisiert waren. Das Gruppengetriebe war hinter dem Hauptgetriebe angeordnet und der Rücklauf statt im Haupt- im Gruppengetriebe untergebracht, woraus sich vier Rückwärtsgänge ergaben.

Bauzeit	1959–1973
Motor-Bauart	Vierzylinder/Reihe
Hubraum in ccm	2715
Leistung (PS/min)	38/2000
Leergewicht in kg	1465
Antriebsart	Hinterrad
Getriebe	10/2

Bucher-Dieselschlepper D 4000

Das mit dem Dreizylinder-MWM-Direkteinspritz-Dieselmotor AKD 112 D ausgerüstete Bucher-Traktormodell D 4000 wurde 1959 vorgestellt. Ähnlich wie das kleinere Modell D 2000 des schweizerischen Herstellers besaß dieser Schlepper ein Fünfganggetriebe mit Rückwärtsgang, das auf Wunsch um ein Zusatzgetriebe mit voll belastbarem Kriechgang auf die doppelte Gangzahl erweitert werden konnte. Der Traktor verfügte über Einzelradlenkung, Differenzialsperre und verstellbare Spurweite. Zum serienmäßigen Mindestlieferumfang zählten die Motorzapfwelle mit Doppelkupplung, Mähantrieb, Dreipunkthydraulik mit Doppelsteuergerät und die MC-Hydraulik, mit der ein wesentlicher Teil des Gerätegewichts auf die Hinterachse des Schleppers verlagert werden konnte. Mit Aufhebung der Einfuhrsperren ging der Absatz der qualitativ hochwertigen, infolge der zu kleinen Stückzahlen aber teuren Traktoren aller Schweizer Hersteller stark zurück.

Kapitel 4 (1975–1985)

Leistungsstarke Traktoren im Zeichen von Rationalisierung, Fusionen und Konkursen

Seit Beginn der 1970er Jahre hatten sich die Reihen der deutschen Traktorhersteller weiter gelichtet. Die Zahl der unabhängigen Unternehmen schrumpfte zusehends. Güldner und Hanomag hatten sich 1969 respektive 1971 aus dieser immer unrentabler werdenden Sparte zurückziehen müssen. Den Kramer-Werken, Hermann Lanz in Aulendorf und auch Eicher ging es wirtschaftlich immer schlechter. Sie wehrten sich allerdings mit aller Vehemenz gegen das drohende Ende, dem sie sich letztendlich allerdings doch nicht entziehen konnten.

Auch die Firma Schlüter, in durchaus richtiger Erkenntnis, dass auf Dauer nur starke Traktoren in der Landwirtschaft eine Existenzberechtigung haben würden, musste erkennen, dass die ausschließliche Hinwendung zu Fahrzeugen ab der oberen Mittelklasse für ein mittelständisches Unternehmen keine Lösung sein konnte, um auf Dauer am Markt überleben zu können. Denn seit auch die Großen der Branche besagte Marktlücke erkannt hatten und mit größeren Serien preisgünstiger gefertigter Großschlepper auftraten, konnte Schlüter – trotz bester Fertigungsqualität und mancher technischer Besonderheiten – allein finanziell nicht mehr mithalten.

Zunächst war es den Schlüter-Werken ab Mitte der 1960er Jahre tatsächlich gelungen, sich mit ihren bärenstarken Schleppern als Vorreiter in der PS-Parade die Marktlücke für besonders starke Traktoren zu sichern. Kurzfristig gelang so eine wirtschaftliche Erholung. Dabei wagte sich Schlüter an immer größere Kaliber heran, die teilweise mit der doppelten Motorleistung der Mitbewerber antraten. Diese Giganten waren zwar ihrer Zeit voraus, aber dummerweise für den damaligen deutschen Markt einfach zu groß. Interessant waren sie allenfalls für das Exportgeschäft. Wichtigster Abnehmer für Schlüter-Schlepper war Jugoslawien, was mit der Veränderung der dortigen Machtverhältnisse ein Ende hatte. Obgleich Schlüter von seinen Großschleppern fast immer nur kleine Stückzahlen an den Mann bringen konnte, zeigte das Programm in die richtige Richtung. Der Trend ging eindeutig zum großflächigen Betrieb, der ohne leistungsstarke Schlepper nicht bewirtschaftet werden konnte.

Wurden 1970 noch 66.064 Traktoren auf dem Inlandsmarkt neu zugelassen, so waren es zehn Jahre später nur noch 45.477 Stück. 1985 wurde mit 34.770 Fahrzeugen der vorläufige Tiefpunkt erreicht. Diese Zahlen können nicht verwundern wenn man bedenkt, dass mit rund 1,5 Millionen Fahrzeugen, davon etwa 130.000 in der DDR, der Traktorbestand Anfang der 1970er Jahre einen neuen Höhepunkt erreicht hatte. Das Ziel der Vollmotorisierung war – zumindest was die Bundesrepublik anbelangte – praktisch erreicht. Jeder Landwirt hatte zumindest einen Ackerschlepper, sodass der Markt als vollkommen gesättigt bezeichnet werden konnte. Wurde ein neuer Traktor angeschafft, so handelte es sich immer häufiger um eine Ersatzbeschaffung und nicht um einen Neuerwerb. Daher gewann der Markt für Gebrauchttraktoren ständig an Bedeutung, was wiederum zu Lasten der Neuzulassungen ging.

Der Trend zum stärkeren Traktor setzte sich weiter fort. Die durchschnittliche Motorleistung eines Schleppers hatte sich innerhalb von zwei Jahrzehnten mehr als verdoppelt und lag mittlerweile bei rund 50 bis 55 PS. Die Zahl der landwirtschaftlichen Betriebe war weiter geschrumpft – binnen 20 Jahren um rund ein Drittel. Das geschah ausschließlich auf Kosten der kleinen Höfe und der Nebenerwerbsbetriebe. Übrig blieben immer größere Betriebe, die ein wachsendes Bedürfnis nicht nur nach höheren Schlepperleistungen, sondern auch nach größeren und leistungsfähigeren Arbeitsgeräten hatten – für die wiederum stärkere Traktoren benötigt wurden. Auch die Flurbereinigung trug dazu bei, dass größere Flächeneinheiten geschaffen wurden.

Nicht nur die schiere Leistung war gewachsen, auch die Technik der Fahrzeuge hatte sich enorm weiterentwickelt. Mit den Modellen der frühen 1950er Jahre hatten die neuen Fahrzeuge – außer dass sie ebenfalls vier Räder besaßen – nicht mehr sehr viel gemeinsam. Allradantrieb war nicht mehr die Ausnahme, sondern wurde immer mehr zur Regel. Eine leistungsstarke Hydraulik sowie ein Frontlader waren für den Landwirt unverzichtbare Elemente geworden. Auch der Verbesserung des Fahrerplatzes und der Sicherheit hatten sich die Konstrukteure verstärkt angenommen. Vorbei waren die Zeiten, als der Schlepperfahrer auf einem lauten, nahezu ungefederten Fahrzeug seinen langen Arbeitstag verbringen musste und sich dabei den Rücken ruinierte. Ein bequem gefederter, gepolsterter und ergonomisch gestalteter Sitz ließ den Fahrer längeres Arbeiten besser ertragen. Der Trend zur geschlossenen, mit Silent-Blöcken abgefederten, geräuschgedämmten und schließlich vollklimatisierten Kabine hielt an. Sie schützte den Fahrer nicht nur vor schneller Ermüdung und vor Witterungseinflüssen, sondern auch gegen Staub und Gesundheitsschäden durch Dünger und Schädlingsbekämpfungsmittel. All das diente der Produktivität ebenso wie der Sicherheit.

Schlüter-Diesel-Allradschlepper Super 1500 TV

Das seit 1970 angebotene Schlüter-Modell 1500 TV gehörte zu den ersten Traktoren, die mit sechszylindrigen Direkteinspritz-Dieselmotoren mit Abgasturboladern ausgerüstet wurden. Dabei deutete der Buchstabe „T" in der Modellbezeichnung auf den vorhandenen Turbolader hin. Im Unterschied zu den Saugmotoren verfügten die Schlüter-Aggregate mit Aufladung wieder über Kolben mit zentralen Brennräumen. Dieser zwischen 1970 und 1981 gefertigte Allradtraktor besaß einen Direkteinspritz-Dieselmotor mit 135 PS und 7127 ccm Hubraum.

Schlüter
Schlüter
VDW·075

Schlüter-Diesel-Allradschlepper Profi Trac 3000 TVL

Für großes Aufsehen sorgte der zur DLG-Ausstellung 1973 der Öffentlichkeit präsentierte Prototyp des Schlüter-Großschlepper-Modells Profi Trac 3000 TVL. Es war ein Fahrzeug der Superlative. Dieser 280 PS leistende Gigant beeindruckte nicht nur durch seine schier gewaltigen, damals im europäischen Traktorbau noch völlig unüblichen Abmessungen. Er war zudem mehr als doppelt so stark wie die größten Modelle der meisten anderen Hersteller. Das Fahrzeug erreichte bei einem Leergewicht von 11.500 kg eine Länge von 6080 mm, war 2500 mm breit und 3440 mm hoch. Da es bei Schlüter ein Antriebsaggregat passender Größe nicht gab, verwendete man erstmals eine Antriebseinheit der MAN-Werke. Es handelte sich um die Variante eines für den Antrieb von Schwerlastwagen verwendeten, bis zu 240 PS leistenden Saugmotors. Unter Verwendung eines Holset-Abgasturboladers konnte das Baumuster D 2556 MTE nun mehr Drehmoment und die angedachte Leistung von 280 PS bei 2200 Touren bereitstellen. Neben diesen außergewöhnlichen Eigenschaften waren auch zahlreiche technische Details bemerkenswert, mit denen man teilweise Neuland im Schlepperbau betrat. Neben den vier gleich großen Rädern in der Größe 20,8-38, der ölhydraulischen Voith-Turbokupplung und der Allradlenkung verfügte der Profi Trac über die hydraulisch nach hinten kippbare Schlüter-Super-Silence-Kabine 2130, die den Zugang bei Reparatur- und Wartungsarbeiten sehr erleichterte. Der Kabineninnenraum war einschließlich der Deckenverkleidung gut ausgepolstert, das Lenkrad schwenkbar, es gab einen übersichtlichen Armaturentisch und Kontrollleuchten, einen individuell verstellbaren, sehr bequemen Farmer-Clubsessel, Kalt- und Warmluftanlage sowie eine aufklappbare Frontscheibe mit verstellbarer Sonnenblende. Alle Scheiben bestanden aus wärmedämmendem Sicherheitsglas. Auf beiden Seiten fanden sich mit Schiebefenstern versehene Schiebetüren, die bequemen Einstieg gestatteten. Das ansonsten auch in allradgetriebene Lkw eingebaute ZF-Synchrongetriebe mit 8 oder 16 Vorwärts- sowie 2 oder 4 Rückwärtsgängen wurde durch eine zweistufige Vorschaltgruppe ergänzt, die für feinere Abstufung und eine Maximalgeschwindigkeit von 34,3 km/h sorgte. Ein Verteilergetriebe übertrug die Kraft auf die beiden je rund eine Tonne schweren auf dem Baumaschinensektor verwendeten ZF-Außenplaneten-Lenkachsen APL 8 L-6,2. Dazu kamen hydraulische Scheibenbremsen, eine hydrostatische ZF-Lenkung und ein Wendekreis von 9200 mm, eine Motorzapfwelle mit Zweifachkupplung sowie eine ZF-Hydraulik mit 5800 kg Hubvermögen. Von den insgesamt nur 13 bis August 1977 gebauten Maschinen gingen zwölf nach Jugoslawien. Das abgebildete Exemplar ist das einzige in Westeuropa erhaltene Fahrzeug.

Bauzeit	1973–1977
Motor-Bauart	Sechszylinder/Reihe
Hubraum in ccm	11.045
Leistung (PS/min)	280/2200
Leergewicht in kg	11.500
Antriebsart	Allrad
Getriebe	8/2 oder 16/4

Schlüter-Diesel-Allradschlepper Profi Trac 2500 VL

Nachdem die Schlüter-Traktorenwerke bereits 1973 den für die damalige Zeit geradezu gewaltigen, mit einem 280 PS starken MAN-Turboladermotor ausgerüsteten Profi Trac 3000 TVL vorgestellt hatten, präsentierte das Unternehmen drei Jahre später mit den Typen 2000 VL, 2500 VL und 3500 TVL gleich eine komplette Reihe dieser mit Allradlenkung ausgeführten Großschlepper. Wobei es in Anbetracht der geradezu winzigen Stückzahlen im Grunde vermessen ist, von Serien zu sprechen. Vielmehr waren es nur Prototypen und im Falle des Profi Trac 2500 VL kaum mehr als eine Nullserie. Andererseits soll nicht vergessen werden, dass der Markt für derart gewaltige Maschinen äußerst klein war. Vom bisherigen Modell 3000 unterschieden sich die Fahrzeuge vor allem durch ihre Motoren, denn sie bekamen durchweg Antriebseinheiten aus der verbesserten D 25-MAN-Motortypenreihe, die sich durch einen etwas längeren Kolbenhub auszeichneten. Da auf den Turbolader verzichtet wurde, konnte die Bauhöhe der Motorhaube niedriger gehalten werden. Beim Typ 2500 VL, der vom Gewicht dem noch stärkeren Modell 3000 TVL kaum nachstand, stammte die Vorderachse nicht von ZF, sondern von der Neukirchener Maschinen- und Achsenfabrik (NAF). Während für den Prototyp ebenfalls eine NAF-Hinterachse verwendet worden war, entschied man sich beim Serienfahrzeug zumindest bei der Hinterachse für das besser geeignete, mit Außenplanetentrieben ausgeführte ZF-Baumuster APL-8. Die in verschiedenen Ausführungen erhältlichen ZF-Getriebe boten einschließlich der Kriechgänge bis zu 18 Vorwärts- und 4 Rückwärtsgeschwindigkeiten bei 34,3 km/h Höchstgeschwindigkeit. Eine mit 6600 oder 7300 kg sehr hubstarke ZF-Bosch-Hydraulik und eine Motorzapfwelle waren weitere technische Merkmale dieses bis 1980 in 13 Exemplaren entstandenen bärenstarken Großschleppers.

Bauzeit	1977–1980
Motor-Bauart	Sechszylinder/Reihe
Hubraum in ccm	11.413
Leistung (PS/min)	240/2200
Leergewicht in kg	11.000
Antriebsart	Allrad
Getriebe	16/4 oder 18/4

Schlüter-Diesel-Allradschlepper Super 2000 TVL Spezial

Im Laufe der Zeit wurde die Angebotspalette der Super-Schlepperreihe von Schlüter ständig erweitert und modifiziert. Vor allem Leistung und Gewicht nahmen ständig zu. Bereits seit 1966 gab es im Serienprogramm Achtzylindermodelle. Da indes für derart überstarke Großtraktoren auf dem Inlandsmarkt noch kaum Bedarf vorhanden war, wurden sie nur in äußerst kleinen Stückzahlen produziert. 1975 begann mit dem 180 PS starken Super 2000 TVL die Weiterentwicklung in dieser Zylinderklasse, wobei Schlüter immer noch der einzige deutsche Hersteller war, der solche Fahrzeuge im Programm hatte. Die folgenden Modelle waren die ersten Fahrzeuge, bei denen sich mit einer gewissen Berechtigung von einer Serienfertigung sprechen lässt. Ab 1976 erhielt der Super 2000 TVL neben der kippbaren Kabine eine neue Vorderachse, ein stärkeres Getriebe sowie eine hydrostatische Lenkung und mehr Leistung. Eine weitere Überarbeitung in vielen Bauteilen erfolgte im Oktober 1978. Der seit Juni 1981 lieferbare Super 2000 TVL Spezial hob sich vom Super 2000 TVL durch einen größeren und stärkeren, mit einem Abgasturbolader ausgerüsteten Schlüter-Motor ab. Eine hydraulisch kippbare Kabine, einer auf Wunsch auch vorne installierten und mit zwei Geschwindigkeiten ausgestatteten Motorzapfwelle, Voith-Turbokupplung sowie die sehr leistungsfähige ZF/Bosch-Regelhydraulik mit 6200 bis 7200, ab 1982 auf Wunsch bis zu 8400 kg Hubkraft waren weitere, erwähnenswerte Details. Das ZF-Getriebe T 3550 mit Zwischengetriebe gab es in einer 12/5-Gang Ausführung oder auf Wunsch mit 20/9-Gangstufen. Die Maximalgeschwindigkeit war auf 41,5 km/h gestiegen.

Von diesem leistungsstarken Fahrzeugtyp entstanden bis August 1984 immerhin 43 Exemplare.

Bauzeit	1981–1984
Motor-Bauart	Achtzylinder/Reihe
Hubraum in ccm	9852
Leistung (PS/min)	200/2000
Leergewicht in kg	7500
Antriebsart	Allrad
Getriebe	12/5 oder 20/9

Bauzeit	1981–1986
Motor-Bauart	Achtzylinder/Reihe
Hubraum in ccm	9852
Leistung (PS/min)	200/2000
Leergewicht in kg	8700
Antriebsart	Allrad
Getriebe	12/5 oder 20/9

Schlüter-Diesel-Allradschlepper Super Trac 2000 TVL

Im November 1981 wurde der Super Trac 2000 TVL von Schlüter auf seine vier gleich großen Räder gestellt. Dieses große Fahrzeug war das stärkste Modell innerhalb der zweiten Trac-Baureihe, die aus den Typen 1300 VL, 1600 TVL und 2000 TVL bestand. Bei diesen Schleppern wurde auf eine Hinterradlenkung verzichtet, wodurch sich ein größerer Wendekreis ergab. Der schwere Allradtraktor besaß eine kräftig dimensionierte ZF-Außenplaneten-Fronttriebachse des Baumusters APL 5052, die mit einem Selbstsperrdifferenzial ausgerüstet war. Die Differenzialsperre der Hinterachse wurde ebenso wie der Vorderachsantrieb unter Last pneumatisch zugeschaltet. Unter der gewaltigen Haube des Super Trac 2000 TVL verrichtete der aufgeladene Achtzylinder-Direkteinspritzer SDMT 112 W 8 mit 200 PS Leistung seine Arbeit. Das 12/5- und das um Kriechgänge erweiterte 20/9-Getriebe T 3550 wurden üblicherweise bei ZF eingekauft. Motorzapfwelle und eine bis zu 8400 kg leistende Hydraulik waren der Baugröße angemessen.

Bauzeit	1975–1982
Motor-Bauart	Achtzylinder/Reihe
Hubraum in ccm	9503
Leistung (PS/min)	185/2000
Leergewicht in kg	7500
Antriebsart	Allrad
Getriebe	12/5, 16/7 oder 20/9

Schlüter-Diesel-Allradschlepper Super 2000 TVL

Der 185 PS starke Schlüter-Dieselschlepper Super 2000 TVL entstand als Weiterentwicklung des nur als Einzelstück gebauten Modells Super 1800 TVL. Den Antrieb übernahm das mit einem Abgas-Turbolader ausgestattete hauseigene Achtzylinder-Direkteinspritzaggregat SDMT 110 W 8. Anstelle des ZF-Gruppenschaltgetriebes T 3504 wurde nun das verstärkte Baumuster T 3450 verwendet. Dieses Getriebe gab es in den Ausführungen mit 12/5 und 16/7 Gängen, die auf Wunsch um zusätzliche Kriechgänge bis zum 20/9-Gang erweitert werden konnten. Die Schlüter-Werke, zu diesem Zeitpunkt der einzige deutsche Hersteller, der in dieser Leistungsklasse vertreten war, konnte mit immerhin 275 gebauten Fahrzeugen einen beachtlichen Erfolg erzielen. Zu den bis 1982 eingeführten Verbesserungen zählten eine neue ZF-Allradvorderachse, ein stärker belastbares Getriebe sowie eine hydraulisch kippbare Kabine, die im Gegensatz zu den Sechszylindermodellen eine höher angesetzte Frontscheibe besaß, sowie eine hydrostatische Lenkung. 1978 wurde die Kabine nochmals verbreitert und die Vorderachse erneut ausgetauscht.

Bauzeit	1981–1988
Motor-Bauart	Sechszylinder/Reihe
Hubraum in ccm	7389
Leistung (PS/min)	165/2100
Leergewicht in kg	7400
Antriebsart	Allrad
Getriebe	12/5, 20/9 o. 24/10

Schlüter-Diesel-Allradschlepper Super Trac 1600 TVL

Nach der Profi-Trac-Baureihe stellten die Schlüter-Werke 1980 erstmals drei Mitglieder einer neuen Super-Trac-Schlepperreihe vor. Das besondere Kennzeichen dieser Fahrzeuge waren die gleich großen Räder. Auf eine Hinterradlenkung wurde verzichtet. Abgesehen von der Einbaulage über der Vorderachse und der entsprechend geänderten Ölwanne glichen die Motoren denen der ebenfalls neuen Super-Schlepper in Spezial-Ausführung. Für die Kraftübertragung sorgte bei den Super-Trac-Modellen ein ZF-Getriebe der Baureihe T 3000. Der seit 1981 gefertigte Super Trac 1600 TVL wurde mit ganzen 25 Stück zum meistgebauten Traktor dieser Reihe. Ein neuer ab August 1985 installierter Verkleidungsträger konnte zu den bereits vorhandenen Ballastgewichten weitere Einhängegewichte aufnehmen. Durch die zusätzliche Verlagerung des Schwerpunkts nach vorn wurde die Zugkraft weiter gesteigert. Im Juni 1986 wurde ein Schlepper in der 50 km/h schnellen High-Speed-Ausführung ausgeliefert.

Bauzeit	1974–1976
Motor-Bauart	Sechszylinder/Reihe
Hubraum in ccm	7127
Leistung (PS/min)	150/2000
Leergewicht in kg	5475
Antriebsart	Allrad
Getriebe	12/6 oder 16/8

Schlüter-Diesel-Allradschlepper Super 1500 TVL

Neben dem 1970 vorgestellten Modell Super 2000 TV präsentierte man im selben Jahr den 1500 TV als ersten Schlüter-Schlepper mit aufgeladenem Motor. Aus diesem Fahrzeug entstand zwei Jahre später der Super 1500 TVL, der sich durch höhere Motorleistung und eine zusätzliche Konsole zwischen der Vorderachse und dem Verkleidungsträger von der TV-Variante unterschied. Zwischen 1974 und 1976 wurde der Super 1500 TVL mit 150 PS Motorleistung, einem 12- oder 16-Gang-Synchrongruppenschaltgetriebe der ZF-Baumuster T 3406 respektive T 3450 sowie der neuen Super-Silence-Kabine mit steilerer Heckscheibe ausgeliefert. Der neue, beheizbare Arbeitsplatz des Fahrers war schallisoliert und schützte nahezu perfekt vor Hitze, Staub und Kälte bei ausgezeichneter Rundumsicht. Von diesem Großschlepper entstanden 328 Einheiten. Mit der Hydraulik mit 5600 kg Hubvermögen sowie der Bereifung mit maximal 13-30 vorn und 20.8-38 hinten waren diese großen Fahrzeuge den ihnen zugedachten Aufgaben durchaus gewachsen.

Bauzeit	1976–1987
Motor-Bauart	Sechszylinder/Reihe
Hubraum in ccm	6240
Leistung (PS/min)	135/2300
Leergewicht in kg	6315
Antriebsart	Allrad
Getriebe	16/7 oder 20/9

Fendt-Diesel-Allradschlepper Favorit 612 LSA

1976 erschien das Fendt-Modell Favorit 612 LSA auf dem Markt. Dieses ausschließlich mit Allradantrieb angebotene Fahrzeug verfügte über einen wassergekühlten MWM-Sechszylinder-Direkteinspritz-Diesel mit 120 PS, dessen Leistung ab 1983 mithilfe eines Turboladers auf 135 PS gesteigert wurde. Anfangs wurde als Getriebe das ZF-Baumuster T 335 II mit 16 Vorwärts- und sieben Rückwärtsgängen verwendet. Es konnte mit Superkriechgängen aufgestockt werden. Seit 1983 gab es dieses 20/9-Gang-Getriebe nun serienmäßig, wobei der Kunde die Wahl zwischen einer Ausführung mit 30 oder 40 km/h Endgeschwindigkeit hatte. Serienmäßige Bestandteile waren eine ölhydraulische Strömungskupplung sowie die hydrostatische Lenkung. Auch die Ausstattung der geräumigen Kabine mit Heizungs- und Belüftungsanlage war für lange Einsatzzeiten konzipiert und ließ für die damalige Zeit, als Klimaanlagen weder üblich noch unbedingt notwendig waren, kaum Wünsche offen. Alles das war natürlich nicht zum Nulltarif zu haben; 1986 betrug der Listenpreis 142.671 Mark.

Bauzeit	1970–1981
Motor-Bauart	Sechszylinder/Reihe
Hubraum in ccm	7127
Leistung (PS/min)	135/1800
Leergewicht in kg	6100
Antriebsart	Allrad
Getriebe	12/6 oder 20/9

Schlüter-Diesel-Allradschlepper Super 1500 TV

Der ab August 1970 angebotene Schlüter-Traktor Super 1500 TV gehörte zu den ersten Schleppermodellen dieses Herstellers mit aufgeladenem Motor. Generell wurden ab diesem Jahr die Schlüter-Schlepper mit eckigen Kotflügeln und mit dem vorgeschriebenen Umsturzrahmen ausgerüstet. Für die nur kurze Zeit in den Verkaufslisten geführte Hinterradausführung 1500 T bestand keine Nachfrage, sodass sie aus dem Programm verschwand. Der Super 1500 TV verfügte über den 135 PS starken Sechszylindermotor SDMT 110 W 6 mit zentralem Brennraum und Abgasturbolader sowie über das ZF-Gruppenschaltgetriebe T 338 II, später über das Modell T 3406. Von April 1975 bis zum Ende der Fertigung im Mai 1981 war es das 12/5-, 16/7- respektive 20/9-Gang-Getriebe T 3450. Nach Erscheinen der Typen Super 1500 TVL und Super 1250 VL ging das Interesse am Super 1500 TV rasch zurück. Ab September 1974 erhielt der Schlepper die Super-Silence-Kabine, zwei Jahre später auch hydraulisch kippbar. 126 Einheiten verließen bis 1981 das Werk.

Bauzeit	1972–1978
Motor-Bauart	Sechszylinder/Reihe
Hubraum in ccm	7127
Leistung (PS/min)	125/2000
Leergewicht in kg	5035
Antriebsart	Allrad
Getriebe	12/6 oder 16/8

Schlüter-Diesel-Allradschlepper Super 1250 VL

Das erstmals 1972 angebotene Schlüter-Modell Super 1250 VL unterschied sich von seinem Vorgänger hauptsächlich durch den um zehn PS stärkeren Motor und war 13 Zentimeter länger. Der wassergekühlte Direkteinspritz-Diesel SDM 110 W 6 besaß einen Zentralbrennraum und arbeitete jetzt mit 2000 anstatt mit 1800 Touren. Ab Anfang 1973 wurde auch dieser Schlepper mit der bereits von den Super-1500-Typen her bekannten breiteren Kabine ausgerüstet. Ab April 1974 erhielt dieses Fahrzeug die neugestaltete Super-Silence-Kabine, die äußerlich vor allem am steileren geschlossenen Heck und an den fehlenden Hilfsfenstern unterhalb der Frontscheibe zu identifizieren war. Das Fassungsvermögen des Kraftstofftanks wurde auf 260 Liter vergrößert und der Radstand nochmals verlängert. Während der gesamten Bauzeit dieses mit 788 gefertigten Einheiten sehr erfolgreichen, laufend verbesserten Modells kam das ZF-Gruppengetriebe T 3315 zur Verwendung, das um Kriech- oder Superkriechgänge ergänzt werden konnte.

Bauzeit	1978–1984
Motor-Bauart	Sechszylinder/Reihe
Hubraum in ccm	7127
Leistung (PS/min)	125/2000
Leergewicht in kg	5780
Antriebsart	Allrad
Getriebe	12/6 oder 20/10

Schlüter-Diesel-Allradschlepper Super 1250 VL

Ab Oktober 1978 gab es die zwei Jahre zuvor eingeführte hydraulisch kippbare Super-Silence-Kabine in einer verbesserten Ausführung. Die neue, breitere Kabine besaß jetzt eine zusätzliche Scheibe unterhalb der Frontscheibe. Das ZF-T-3315-Vollsynchrongetriebe gab es mit 12/6 Gangstufen als Standardausführung. Auf Wunsch war eine 20/10-Variante verfügbar, in die eine Kriech- und Superkriechganggruppe integriert war. Ab 1981 wurde der Schlepper als 40-km/h-Ausführung angeboten, während bei den 30-km/h-Maschinen seither der schnellste Gang gesperrt war. Darüber hinaus gab es bei der schnellen Getriebevariante serienmäßig Vorderradbremsen und einen Getriebeölkühler. Das Modell Super 1250 VL war mit der ölhydraulischen Voith-Turbokupplung 422 TD ausgerüstet. Eine Motorzapfwelle (auf Wunsch auch vorne) sowie ein im Lauf der Zeit ständig in der Leistung gesteigerter ZF-Regelhydraulik-Kraftheber mit zuletzt 180 bar Betriebsdruck und auf Wunsch bis zu 8400 kg Hubkraft waren Merkmale, die in dieser Leistungsklasse Maßstäbe setzten.

Bauzeit	1972–1979
Motor-Bauart	Sechszylinder/Reihe
Hubraum in ccm	5867
Leistung (PS/min)	120/2200
Leergewicht in kg	4850
Antriebsart	Allrad
Getriebe	12/5 oder 16/7

IHC-Diesel-Allradschlepper 1246 A

Das ausschließlich mit Allradantrieb erhältliche IH-Modell 1246 A war mit 120 PS Motorleistung das stärkste Fahrzeug von International Harvester während der 1970er Jahre. Es war ein Großschlepper mit beachtlichen Leistungsreserven, denn sein Sechszylinder-Direkteinspritz-Dieselmotor des Baumusters DT 358 mit Abgas-Turbolader konnte – wenn es sein musste – eine Höchstleistung von 132 PS erzeugen. Beim Typ 1246 A hatte IH die bei den kleineren Modellen verwendete Blechölwanne durch eine schwere, stabile Wanne aus Gusseisen ersetzt, die nun als tragendes Teil die Längsträger des Halbrahmens überflüssig machte. Das Fahrzeug verfügte über eine Regelhydraulikanlage, die anstelle der bisher praktizierten Oberlenkerregelung die Arbeitsgeräte nunmehr über die Unterlenker regulierte. Dabei steuerten jetzt die Zugkräfte in den nicht mehr fest mit dem Getriebeblock verbundenen Unterlenkern die Hydraulik. Beide Unterlenker zogen an aufwändig konstruierten Federpaketen. Über die Zugkräfte im Unterlenker wurde der Zusatzdruck auf die Hinterachse übertragen.

Bauzeit	1974–1986
Motor-Bauart	Sechszylinder/Reihe
Hubraum in ccm	7127
Leistung (PS/min)	105/1800
Leergewicht in kg	4900
Antriebsart	Allrad
Getriebe	12/6, 14/8 o. 20/9

Schlüter-Diesel-Allradschlepper Super 1050 V

Ab August 1974 bot Schlüter unter der Typenbezeichnung Super 1050 V einen 100 PS starken Schlepper an. Zusätzlich wurde zwar noch eine Hinterradausführung angeboten, die aber keine Käufer fand. Dies wurde der Beginn eines sehr erfolgreichen, später auf 105 PS gesteigerten und ständig im Detail verbesserten Modells, dessen letzte Exemplare zum Ende des Jahres 1986 die Werkstore verließen. Für diese Fahrzeuge wurde das auf Wunsch mit Kriech- oder Superkriechgängen ausrüstbare ZF-Gruppengetriebe T 3202 (ab August 1982 war es das T 3245) verwendet, bei dem jede Schaltgruppe sechs statt vier Gänge aufwies. Davon waren neben der Gruppenschaltung die Gänge drei bis sechs vollsynchronisiert. Im Februar 1979 kam der Super 1050 V auch in den Genuss der hydraulisch kippbaren Super-Silence-Kabine. Sie bot dem Fahrer deutlich mehr Bewegungsfreiheit, was allerdings durch breitere Spur erkauft wurde. Während der gesamten Bauzeit wurden die ZF-Lenktriebachse APL 1551 sowie eine ZF-Regelhydraulik verwendet, deren Hubkraft je nach Ausführung und Baujahr zwischen 3200 und 6200 kg betrug.

Bauzeit	1972–1976
Motor-Bauart	Sechszylinder/Reihe
Hubraum in ccm	6240
Leistung (PS/min)	105/2300
Leergewicht in kg	4435
Antriebsart	Allrad
Getriebe	16/7 oder 20/9

Fendt-Diesel-Allradschlepper 611 SA

Von 1972 bis 1976 wurde der 105 PS starke Fendt-Großschlepper Favorit 611 gebaut. Die Allradausführung verkaufte Fendt 1188-mal, von der Hinterradvariante fanden nur 215 Traktoren einen Käufer. Das ZF T 335 II-Getriebe verfügte in der Standardausführung über 16/7 Gangstufen und mit Superkriechgängen über deren 20/9 bei 30 km/h Höchstgeschwindigkeit. Ein Wandlerhebel am Lenkrad ermöglichte eine Drehmomentsteigerung um etwa 30 Prozent. Mit 4435 kg war der mit der angetriebenen ZF-Vorderachse APL 3050 ausgerüstete Allradschlepper Favorit 611 SA schon eine gewichtige Maschine. Der Größe des Fahrzeugs angepasst war die Fendt-Regelhydraulik mit 4900 kg Hubvermögen. Die hydraulische Turbokupplung für stufenlose Anfahrautomatik sowie eine Motorzapfwelle waren serienmäßig eingebaut. Frontkraftheber, Frontzapfwelle, Frontlader, Druckluft-Anhängerbremse sowie eine schallgedämmte Komfort-Fahrerkabine wurden gesondert in Rechnung gestellt.

Bauzeit	1977–1982
Motor-Bauart	Sechszylinder/Reihe
Hubraum in ccm	5890
Leistung (PS/min)	105/2300
Leergewicht in kg	4780
Antriebsart	Hinterrad
Getriebe	16/7

Eicher-Dieselschlepper 3105 (Typ 3021)

1977 brachten die Eicher-Traktorenwerke ein Sechszylindermodell mit 105 PS auf den Markt und erweiterten so ihr Angebot nach oben. Auffälligstes äußeres Merkmal war die kantige Gestaltung mit einem quaderförmigen Tank über dem Motor, der gleichzeitig als Abdeckung diente. Der als Modell 3105 geführte Schlepper zeichnete sich durch eine ebene Bodenplatte des Fahrstandes aus. Diese sowie die Hinterradkotflügel waren gemeinsam elastisch auf dem Triebwerksgehäuse gelagert, um Geräusche und Vibrationen zu verringern. Darauf konnte eine hinten offene, recht geräumige und für die damalige Zeit auch komfortable hauseigene Kabine, die Eicher recht bescheiden als „Türverdeck“ bezeichnete, aufgebaut werden. Trotz der ernüchternden Erfahrungen beim Verkauf von Hinterradfahrzeugen in dieser Größenordnung nahm Eicher erneut eine solche Maschine ins Programm. Die Verkaufsergebnisse befriedigten wenig, denn die Allradausführung verkaufte sich sechsmal häufiger. Ab 1982 wurde daher auf den Bau von Hinterradschleppern dieser Baugröße endgültig verzichtet.

Bauzeit	1981–1984
Motor-Bauart	Vierzylinder/Reihe
Hubraum in ccm	6560
Leistung (PS/min)	100/1800
Leergewicht in kg	6520
Antriebsart	Allrad
Getriebe	9/6

IFA-Zugtraktor ZT 305-A

Vom ZT, wie er umgangssprachlich genannt wurde, gab es eine Reihe von Sonderausführungen. Eine davon war der 1981 entstandene Hangtraktor ZT 305-A. Bedarf für ein solches Modell war in der DDR vorhanden, denn ein großer Teil der Grünlandflächen befand sich an den Hängen der Mittelgebirge. Bei Flächen mit Hangneigungen von mehr als 25 Prozent erreichte allerdings auch der allradgetriebene ZT 303 seine Grenze. Technisch gesehen handelte es sich um eine Bauvariante des ZT 303 mit Zwillingsbereifung hinten, druckluftgebremster, mehrzweckbereifter Vorderachse und einer hydraulischen Allrad-Zweikreis-Bremsanlage mit Bremskraftverstärkung. Serienmäßig erhielt der ZT 305-A verschiedene Zusatzbaugruppen wie eine Hubkupplung für Aufsattelanhänger und -geräte sowie eine zusätzliche Steuereinheit der Hydraulikanlage. Nach Demontage der Zwillingsbereifung konnte der Hangtraktor, der sich bei Neigungen von bis zu 45 Prozent ausgezeichnet bewährte und dabei gute Flächenleistungen erzielte, als normaler vierradgetriebener Zugtraktor eingesetzt werden.

Bauzeit	1976–1984
Motor-Bauart	Sechszylinder/Reihe
Hubraum in ccm	5652
Leistung (PS/min)	95/2300
Leergewicht in kg	4935
Antriebsart	Hinterrad
Getriebe	12/5, 16/7 o. 20/9

Fendt-Dieselschlepper Favorit 610 LS

1976 wurden die neuen Favorit-Großtraktoren der Baureihe LS 600 vorgestellt. Diese Modelle knüpften nahtlos an die Erfolge der beliebten S-Reihe an. Alle Fahrzeuge waren mit laufruhigen Sechszylinder-Direkteinspritzmotoren bestückt. Diese modernen Großschlepper gaben den Ausschlag dafür, dass Fendt bereits im darauffolgenden Jahr zum Marktführer in der Klasse ab 100 PS aufsteigen konnte. Das Einstiegsmodell war der Favorit 610 LS, anfangs mit dem MWM-Motor D 226-6 mit 90, ab 1978 mit dem 95 PS starken MWM-Aggregat D 227.6.2 ausgerüstet. Serienmäßig war das ZF-T 3301 Feinstufengetriebe mit 12/5 Gängen, das auf Wunsch mit Kriechgängen zu einem 16/7- und mit Superkriechgängen zum 20/9-Getriebe erweitert werden konnte. Ab 1978 ersetzte das Gruppengetriebe ZF T 3345 das bisherige Schaltwerk, das über 16/7 respektive 20/9 Gänge verfügte. Verglichen mit den 3077 verkauften Einheiten der Allradversion blieb die Hinterradvariante mit 529 gefertigten Exemplaren weit hinter den Erwartungen zurück.

Bauzeit	1978–1984
Motor-Bauart	Sechszylinder/Reihe
Hubraum in ccm	5652
Leistung (PS/min)	95/2300
Leergewicht in kg	5230
Antriebsart	Allrad
Getriebe	16/7 oder 20/9

Fendt-Diesel-Allradschlepper Favorit 610 LSA

Die 1976 vorgestellten Fendt-Modelle der Reihe 600 S traten die Nachfolge der bisherigen Sechszylinder-Typen an. Auch diese Fahrzeuge waren mit Sechszylinder-Direkteinspritz-Dieselmotoren von MWM ausgestattet. Das Schwergewicht lag auf den vierradgetriebenen Modellen, denn die Traktoren mit Hinterradantrieb spielten in dieser Leistungsklasse eigentlich nur noch eine Nebenrolle. So waren die Verkaufszahlen des mit einer ZF-Fronttriebachse ausgerüsteten allradgetriebenen Modells Favorit 610 LSA etwa sechsmal größer als die der Hinterradversion. Und das trotz des um fast 12.000 Mark höheren Preises. Das serienmäßig installierte ZF-Gruppenschaltgetriebe T 3345 verfügte über 16 Vorwärts- und sieben Rückwärtsgänge. Werksseitig war der Favorit 610 LSA mit der bei Fendt als Turbomatic bezeichneten ölhydraulischen Voith-Strömungskupplung ausgestattet. Den technischen Fortschritt dokumentierte die auf Gummielementen gelagerte schall- und schwingungsisolierte Fahrerkabine.

Bauzeit	1964–1975
Motor-Bauart	Sechszylinder/Reihe
Hubraum in ccm	7983
Leistung (PS/min)	90/1850
Leergewicht in kg	5023
Antriebsart	Allrad
Getriebe	10/2

Dutra-Allradschlepper D 4 K-B

Die Dutra-Traktoren waren Allradschlepper aus Ungarn, die im Budapester Traktorenwerk „Roter Stern" hergestellt wurden. Das Modell D 4 K war ein 65 PS starker Blockbau-Ackerschlepper mit vier gleich großen Rädern und einer weit über die Vorderachse hinausragenden Motorhaube. Hieraus entwickelte man den verbesserten Typ D 4 K-B, bei dem gleichzeitig der Übergang zur praktischeren Halbrahmenbauweise vollzogen wurde. Das neue Fahrzeug besaß den vom Csepel-Motorenwerk in Budapest gelieferten Sechszylinder-Diesel mit 7983 ccm Hubraum und 90 PS bei 1850/min. Diese Antriebseinheit war ein Lizenzmotor der österreichischen Steyr-Werke. Dem vor der Vorderachse positionierten Motor schloss sich ein Zweigruppen-Schaltgetriebe mit jeweils drei Vorwärtsgängen, einem Rückwärts- und einem Kriechgang an. Von rund 15.000 hergestellten Traktoren gingen etwa 4000 in die DDR, wo sie nach Erscheinen der besser geeigneten ZT-Modelle zumeist bis Ende der 1970er Jahre ersetzt wurden.

Bauzeit	1968–1976
Motor-Bauart	Sechszylinder/Reihe
Hubraum in ccm	6619
Leistung (PS/min)	90/1800
Leergewicht in kg	3990
Antriebsart	Allrad
Getriebe	12/6 oder 16/8

Schlüter-Diesel-Allradschlepper Super 850 V

Der seit Juli 1968 in der Produktion befindliche Schlüter-Dieselschlepper Super 850 entsprach technisch dem Super 750, besaß allerdings eine höhere Motorleistung. Erst im folgenden Jahr erhielt der Traktor auch einen hubraumstärkeren Motor mit exzentrischen Brennräumen, der ab 1970 eine Leistung von 90 PS zur Verfügung stellte. Bis Juni 1969 wurde das ZF-Gruppengetriebe T 318 II mit serienmäßig zwölf Vorwärts- und sechs Rückwärtsgängen eingebaut. Später wurde es durch das stärker belastbare Baumuster T 325 II ersetzt. In beiden Fällen konnte das Getriebe um zusätzliche Kriech- oder Superkriechgänge ab einer Geschwindigkeit von 0,29 km/h ergänzt werden, sodass dem Schlepperfahrer dann insgesamt 16 Vorwärts- und acht Rückwärtsgänge zur Verfügung standen. Im Oktober 1968 wurde erstmals die Traktomobil-Kabine eingeführt, die anfangs aber noch recht zögerlich geordert wurde. Ab 1970 wurden die runden Hinterradkotflügel durch eckig geformte ersetzt und der gesetzlich vorgeschriebene Umsturzrahmen Pflicht.

Bauzeit	1971–1977
Motor-Bauart	Sechszylinder/Reihe
Hubraum in ccm	5073
Leistung (PS/min)	90/2300
Leergewicht in kg	3600
Antriebsart	Hinterrad
Getriebe	12/5 oder 16/7

IHC-Dieselschlepper 946

Auf der DLG-Ausstellung des Jahres 1970 präsentierte das IH-Werk dem Fachpublikum erstmals den Prototyp des Sechszylinder-Großschleppers 846. Nach Weiterentwicklung gingen ab Juni 1971 die beiden Sechszylindermodelle 946 und 1046 ins Rennen. Mit dieser in erster Linie für Großbetriebe und Lohnunternehmen geeigneten Baugröße hatte IHC Neuland betreten. Gleichzeitig waren es die ersten deutschen IH-Schlepper, die mit dem Namenszug „International" – ohne den Namenszug „McCormick" – ausgeliefert wurden. In dem kleineren Modell 946 war der Sechszylindermotor D 310 installiert. Ab Mai 1974 wurde die Leistungsabgabe des Motors durch eine neue Einspritzpumpe und Drehzahlerhöhung auf 90 PS gesteigert. Da die eigenen Getriebe für diese Großschlepper zu schwach waren, baute man hier das 12 + 5-Synchrongetriebe T 3313 der Zahnradfabrik Friedrichshafen ein. Als Sonderausstattung konnte auch ein 16 + 7-Triebwerk mit Kriechganggruppe bezogen werden.

Bauzeit	1981–1990
Motor-Bauart	Vierzylinder/Reihe
Hubraum in ccm	4389
Leistung (PS/min)	80/2300
Leergewicht in kg	3970
Antriebsart	Allrad
Getriebe	16/8

Case-IH-Allradschlepper 845 XL

Case IH war eines der Unternehmen, das in den 1980er Jahren durch Fusion entstand. 1985 erfolgte der Zusammenschluss mit Case, wodurch das neue Unternehmen den Namen Case-IH erhielt. Die Traktoren wurden von nun an im Rot der International Harvester Company lackiert. Den Typ 845 XL gab es allerdings bereits seit 1981. Das XL in der Typenbezeichnung stand für die neu entwickelte Kabine, die auch „Control Center" hieß. Die getönten Scheiben dämpften die Sonnenstrahlen, was vor allem in der heißen Erntezeit wichtig war. Und natürlich bot auch der Fahrersitz einen Komfort, wie man ihn früher nicht gekannt hatte. Angetrieben wurde der Schlepper von einem IHC-Motor, der mit seinen vier Zylindern und 4,4 Litern Hubraum eine Leistung von 80 PS erbrachte. Der 845 XL ist in den Jahren nach Produktionsbeginn mehrmals technisch verändert worden. Eine äußerliche Umgestaltung erfolgte 1987 mit der Einführung eines neuen Kühlergrills. 1990 wurde die Fertigung im Werk Doncaster in England fortgeführt.

Bauzeit	1971–1982
Motor-Bauart	Vierzylinder/Reihe
Hubraum in ccm	4752
Leistung (PS/min)	85/2200
Leergewicht in kg	3865
Antriebsart	Allrad
Getriebe	12/6 oder 16/8

Schlüter-Diesel-Allradschlepper Compact 850 V

Mit insgesamt 1726 zwischen seinem Erscheinen im April 1971 und dem Fertigungsende im Februar 1982 gebauten Traktoren war das Compact-Modell 850 respektive 850 V das bei weitem erfolgreichste Fahrzeug innerhalb dieser Reihe. Bei diesem zur Mittelklasse zählenden Allradschlepper erfolgte der Antrieb durch einen großvolumigen Vierzylindermotor mit 4752 ccm Hubraum eigener Fertigung mit 80, ab Ende des Jahres 1974 mit 85 PS Leistung. In diesem Halbrahmenschlepper versah das ZF-Getriebe T 3102 seinen Dienst. Das gab es in der Standardversion mit 12/6 Gängen oder auf Wunsch mit einer Kriechgang- oder Superkriechganggruppe mit 16/8 Gangstufen. Eine leistungsstarke ZF-Hydraulik mit bis zu 3600 kg Hubvermögen sowie eine Motorzapfwelle waren serienmäßig. Die überwiegende Zahl dieser Traktoren besaß bereits werksseitig einen Kabinenaufbau, und die Allradvariante Compact 850 V wurde mit einer hydrostatischen Lenkung ausgeliefert.

Bauzeit	1972–1976
Motor-Bauart	Sechszylinder/Reihe
Hubraum in ccm	5100
Leistung (PS/min)	85/2300
Leergewicht in kg	3855
Antriebsart	Hinterrad
Getriebe	12/6, 16/8 o. 20/10

Fendt-Dieselschlepper Favorit 610 S

Mit der Favorit-600-Traktorreihe brachten die Fendt-Werke zu Beginn der 1970er Jahre eine neue Großschlepperfamilie auf den Markt. Gegenüber den Vorgängern war die Leistung der volumenstarken, wassergekühlten Sechszylinder-Direkteinspritz-Motoren um fünf bis zehn PS erhöht worden. Im Falle des hinterradgetriebenen Favorit 610 S – dabei handelte es sich um das Einstiegsmodell – war es das MWM-Aggregat D 225-6 mit 85 PS. Neben dem vollsynchronisierten ZF-Feinstufengetriebe T 335 II mit 12/6, 16/8 und auf Wunsch mit 20/10 Gängen (Superkriechgänge) verfügte der Traktor serienmäßig über die technisch verbesserte ölhydraulische Voith-Strömungskupplung 422 TD-F sowie über eine hydrostatische Spindellenkung. Der Favorit 610 S mit Hinterradantrieb war mit einzelradgefederter Fendt-Pendelvorderachse ausgestattet und hatte 460 mm Bodenfreiheit. Zur Grundausstattung zählten eine Motorzapfwelle sowie die ZF-Regelhydraulik mit 3000 kg Hubkraft. So ausgerüstet kostete der Hinterradtraktor 35.430 Mark.

Bauzeit	1972–1976
Motor-Bauart	Sechszylinder/Reihe
Hubraum in ccm	5100
Leistung (PS/min)	85/2300
Leergewicht in kg	4260
Antriebsart	Allrad
Getriebe	12/6, 16/8 o. 20/10

Fendt-Diesel-Allradschlepper Favorit 610 SA

Mit der Vorstellung der Favorit-600-Typenreihe eröffnete sich für Fendt ab 1972 ein neues Marktsegment im Bereich der Großtraktoren. Obwohl alle Typen auch als Hinterradmaschinen angeboten wurden, war die Nachfrage ziemlich gering. Das Fahrzeug war mit einem wassergekühlten MWM-Reihensechszylinder mit 85 PS ausgerüstet. Für diesen Schlepper gab es die üblichen Getriebevarianten mit 12/6, 16/8 oder mit 20/10 Superkriechgängen. Die Höchstgeschwindigkeit des Traktors lag bei 27,6 km/h. Turbomatik, eine Regelhydraulik mit 3000 kg Hubvermögen, Motorzapfwelle und eine planetenuntersetzte Allradvorderachse waren wesentliche Merkmale der Serienausstattung. Ein besonderes Kennzeichen der Favorit-Allradtraktoren waren die recht üppig dimensionierten Vorderräder, mit denen sich die Kraft gut auf den Boden bringen ließ. Durch die hydrostatische Lenkung wirkungsvoll unterstützt, gab es auch bei schwierigen Geländeverhältnissen keine Probleme, mit dem Schlepper sicher in der Spur zu bleiben.

Bauzeit	1968–1975
Motor-Bauart	Vierzylinder/Reihe
Hubraum in ccm	4942
Leistung (PS/min)	85/2200
Leergewicht in kg	3820
Antriebsart	Allrad
Getriebe	12/4

Fiat-Diesel-Allradschlepper 850 DT

Im Jahr 1968 präsentierten die Fiat-Traktoren-Werke ein komplett neues Schlepperprogramm. Für den Antrieb sorgten durchweg moderne Direkteinspritzmotoren mit Wasserkühlung. Im Falle des Modells Fiat 850 war es ein von der Fiat-Tochter OM gebauter Vierzylinder-Diesel, der für die Fortbewegung dieses wahlweise mit Hinterrad- oder in der Ausführung DT mit Allradantrieb erhältlichen Traktors verantwortlich zeichnete. Das 12/4-Gang-Getriebe war auf eine Maximalgeschwindigkeit von 32 km/h ausgelegt und ließ sich auf Kundenwunsch um vier zusätzliche Kriechgänge im Bereich bis 2,6 km/h erweitern. Mit seiner auch unter Last zu- und abschaltbaren Fronttriebachse, den ausreichend dimensionierten Vorderrädern und der unterstützenden hydraulischen Lenkhilfe gab es für dieses Fahrzeug kaum Hindernisse, selbst bei ungünstiger Topografie und schlechten Bodenverhältnissen.

Bauzeit	1975–1989
Motor-Bauart	Vierzylinder/Reihe
Hubraum in ccm	4389
Leistung (PS/min)	80/2300
Leergewicht in kg	3500
Antriebsart	Allrad
Getriebe	8/4, 16/4 o. 16/8

IHC-Diesel-Allradschlepper 844 SA

Zusammen mit dem entsprechenden Hinterradmodell brachte International Harvester unter der Bezeichnung 844 SA auch ein vierradgetriebenes Pendant heraus. Mit seiner Motorleistung von 80 PS befand sich dieser Schlepper bereits in der gehobenen mittleren Leistungsklasse, die sich erfahrungsgemäß zu allen Zeiten stets guter Nachfrage erfreute. Abgesehen von der von ZF gelieferten Fronttriebachse des Baumusters APL 3052 und dem höheren Schleppergewicht gab es zum Hinterradschlepper nur wenig Unterschiede. Ebenso wie dieser war auch das Allradfahrzeug serienmäßig mit dem einfacheren, lenkradgeschalteten IH-Synchrongetriebe mit acht Vorwärts- und vier Rückwärtsgängen ohne Zwischenuntersetzung bestückt. Das konnte auf Wunsch durch das gegen Aufpreis erhältliche IH-Agriomatic-S-Wendegetriebe sowie mit 16 Vorwärts- und vier Rückwärtsgängen mit hydraulischer Schnellschaltung respektive durch das vollsynchronisierte 16/8-Reduziergetriebe für 25 oder 30 km/h Höchstgeschwindigkeit ersetzt werden. Selbstverständlich war in jedem Fall eine Doppelkupplung vorhanden, um die unabhängige Zapfwelle nutzen zu können.

Bauzeit	1972–1978
Motor-Bauart	Sechszylinder/Reihe
Hubraum in ccm	5652
Leistung (PS/min)	80/2100
Leergewicht in kg	3110
Antriebsart	Hinterrad
Getriebe	16/7

Deutz-Dieselschlepper D 8006

Das Deutz-Modell D 8006 war ursprünglich bereits 1970 als leistungsgesteigerter und durch die nunmehr ebene Fahrerplattform komfortablerer Nachfolger des D 7506 vorgestellt worden. 1972 erfolgte seine grundlegende Überarbeitung. Während am Motor kein Änderungsbedarf bestand, ersetzte ein Deutz-eigener, nach dem Transfermatic-System funktionierender Regelhydraulik-Kraftheber mit 3600 kg Hubkraft den ZF-Kraftheber. Das Schaltgetriebe gab es jetzt nur noch vollsynchronisiert, was sich auf alle Gruppen und Gänge bezog. Die zuvor nur gegen Aufpreis erhältliche ZF-Hydroblocklenkung, die den Fahrer entlastete, gehörte jetzt zum serienmäßigen Lieferumfang. Ab 1974 wurden diese Traktoren in der neuen hellgrünen Deutz-Lackierung ausgeliefert. Obwohl die Nachfrage nach einer hinterradgetriebenen Ausführung in dieser Leistungsklasse im Vergleich zum Allradschlepper erfahrungsgemäß deutlich geringer war, wurde die Variante weiterhin angeboten.

Bauzeit	1980–1984
Motor-Bauart	Vierzylinder/Reihe
Hubraum in ccm	4154
Leistung (PS/min)	78/2350
Leergewicht in kg	3590
Antriebsart	Hinterrad
Getriebe	15/4

Fendt-Dieselschlepper Farmer 308 LS

Im Jahr 1980 stellten die Fendt-Traktorenwerke in Marktoberdorf die zunächst aus vier Typen der gehobenen Mittelklasse bestehende Farmer-300-Reihe als neue Traktorfamilie vor. Diese Modelle zeichneten sich durch einheitliche Baumerkmale wie 40 km/h Maximalgeschwindigkeit, Vierradbremse, ölhydraulische Turbokupplung – die Fendt-Bezeichnung lautete Turbomatik – und eine gut isolierte, gummigelagerte Komfortkabine aus. Diese seinerzeit sehr fortschrittlichen Merkmale, zu denen noch die sparsamen Vierzylindermotoren zählten, trugen wesentlich zum großen Erfolg dieser Reihe bei. Leistungsmäßig deckten die Fahrzeuge den Bereich von 62 bis 86 PS ab. Das 78 PS starke Farmer-Modell 308 gab es in der Ausführung 308 LS als Hinterradmaschine und mit Allradantrieb unter der Typenbezeichnung 308 LSA. Mit 2633 gefertigten Exemplaren war die Nachfrage des Hinterradschleppers im Vergleich zur Allradausführung, von der mehr als die doppelte Anzahl verkauft wurde, eher gering.

Bauzeit	1980–1984
Motor-Bauart	Vierzylinder/Reihe
Hubraum in ccm	4154
Leistung (PS/min)	78/2350
Leergewicht in kg	3795
Antriebsart	Allrad
Getriebe	15/4 oder 20/6

Fendt-Diesel-Allradschlepper Farmer 308 LSA

Von dem starken Mittelklasse-Schleppermodell Farmer 308 der Fendt-Werke war unter der Typenbezeichnung Farmer 308 LSA auch eine Allradausführung erhältlich. Anstelle der einzelradgefederten Pendelachse war dieses Fahrzeug mit einer ZF-Fronttriebachse des Baumusters APL 1552 mit Außenplanetentrieben bestückt. Das Antriebsaggregat war ein moderner, von MWM bezogener Vierzylinder-Direkteinspritz-Dieselmotor mit 78 PS Leistung. Diese Einheit war mit dem aus eigener Herstellung stammenden 15/4-Gang-Vollsynchron-Gruppenschaltgetriebe mit Overdrive zu einem selbsttragenden Bauteil verbunden. In Verbindung mit einer auf Wunsch erhältlichen Superkriechganggruppe konnte dieses auf 20/6 Gangstufen aufgerüstet werden. Das Fahrzeug besaß eine Voith-Turbokupplung und eine von ZF beigesteuerte hydrostatische Lenkung. Eine Motorzapfwelle mit zwei Geschwindigkeiten sowie die Fendt-Regelhydraulik mit 3490 kg Hubvermögen gehörten zum serienmäßigen Lieferumfang. Mit 5498 verkauften Einheiten konnte der Allradschlepper bis 1984 auch einen wirtschaftlich guten Erfolg einfahren.

Bauzeit	1980–1984
Motor-Bauart	Vierzylinder/Reihe
Hubraum in ccm	4154
Leistung (PS/min)	78/2350
Leergewicht in kg	3680
Antriebsart	Hinterrad
Getriebe	15/4 oder 20/6

Fendt Farmer 308 LS

Nach umfangreichen Forschungs- und Entwicklungsarbeiten präsentierte Fendt 1980 die neue Farmer-Reihe 300. Diese Schlepperfamilie begann zunächst mit vier Modellen zwischen 62 und 86 PS. Es waren technisch wie formal sehr fortschrittliche Fahrzeuge, bei denen folgende Eigenschaften sehr zu ihrem großen Markterfolg beitrugen: 40 km/h Höchstgeschwindigkeit, Vierradbremse, Turbomatik und die gummigelagerte Komfortkabine mit ebener Plattform. Die gedrosselten MWM-Vierzylindermotoren mit ihren neu gestalteten Zylinderköpfen schöpften ihre Kraft aus reichlich Hubraum. Eine exakt dosierende Reihen-Einspritzpumpe ermöglichte es, den Kraftstoffverbrauch spürbar zu senken. Der auch mit Vierradantrieb erhältliche Dieselschlepper 308 LS war mit 78 PS das zweitstärkste Modell der neuen Reihe. Er verfügte über einen leistungsstarken Regelhydraulik-Kraftheber mit 3490 kg Hubvermögen, einzelradgefederte Pendelvorderachse, Motorzapfwelle sowie hydrostatische Lenkung und war in 30- oder in 40 km/h-Ausführung lieferbar.

Bauzeit	1974–1980
Motor-Bauart	Vierzylinder/Reihe
Hubraum in ccm	4160
Leistung (PS/min)	75/2175
Leergewicht in kg	3085
Antriebsart	Hinterrad
Getriebe	13/4 oder 13/13

Fendt-Dieselschlepper Farmer 108 S

Das leistungsstärkste Fahrzeug innerhalb der Farmer-100-Schlepperreihe war das Modell 108 S, das mit dem 75 PS starken wassergekühlten Vierzylinder-Direkteinspritz-Diesel D 226-4 der Motoren-Werke Mannheim (MWM) ausgerüstet war. Das vollsynchronisierte Fendt-Feinstufengetriebe R 25/R 112 hatte Schnellgang und 13/4 Gänge und war auf Wunsch auch in einer Ausführung als Wendegetriebe mit vorwärts wie rückwärts 13 Gängen erhältlich. Der luftgekühlten Mehrscheibenkupplung war serienmäßig eine verschleißfreie, ölhydraulische Turbokupplung (Turbomatik) als stufenlose Anfahrautomatik vorgelagert. Die Motorzapfwelle mit Doppelkupplung, auf Wunsch auch Weg- und Frontzapfwelle sowie eine mit 3280 kg Hubkraft leistungsstarke Fendt-Regelhydraulik waren weitere Ausrüstungsmerkmale. Bemerkenswert beim Typ 108 S war der ob der gehobenen Leistungsklasse erheblich größere Anteil verkaufter Allradschlepper.

Bauzeit	1977–1980
Motor-Bauart	Vierzylinder/Reihe
Hubraum in ccm	4154
Leistung (PS/min)	75/2300
Leergewicht in kg	3590
Antriebsart	Allrad
Getriebe	13/4 oder 16/5

Fendt-Diesel-Allradschlepper Farmer 108 LSA

Mit 3646 zwischen 1977 und 1980 gefertigten Einheiten war das allradgetriebene Traktormodell Farmer 108 LSA im Gegensatz zu den im gleichen Zeitraum verkauften 1476 Hinterradfahrzeugen sehr erfolgreich. In dieser Leistungsklasse legten die Landwirte auf Allradantrieb immer mehr Wert, obwohl der vierradgetrieben Schlepper mit 51.560 Mark immerhin rund 8500 Mark teurer war als der mit Hinterradantrieb. Das Gruppenschaltgetriebe gab es in 13/4-Gang Standardausführung oder als Superkriechganggetriebe mit 16/5 Gangstufen. Serienmäßig vorhanden waren eine mit 3380 kg Hubkraft leistungsstarke automatische Fendt-Regelhydraulik mit den Steuerfunktionen Heben, Senken, Zugkraft-, Misch-, Lage- und Schwimmstellung sowie eine Motorzapfwelle mit Doppelkupplung und eine dreh- und höhenverstellbare Anhängevorrichtung mit einer maximalen Stützlast von 1200 kg. Sicherheitskabine und Frontlader, wie hier abgebildet, waren selbstverständlich gegen Aufpreis lieferbar.

Bauzeit	1972–1976
Motor-Bauart	Vierzylinder/Reihe
Hubraum in ccm	4062
Leistung (PS/min)	75/2070
Leergewicht in kg	3280
Antriebsart	Hinterrad
Getriebe	8/2 oder 12/4

Massey-Ferguson-Dieselschlepper MF 188

Der seit 1972 angebotene Massey-Ferguson-Traktor MF 188 ersetzte den Typ 178. Das Fahrzeug gehörte zu einer neuen Schlepperserie, mit der die seit etwa sieben Jahren ziemlich unverändert gefertigte 100er -Reihe ersetzt werden sollte. Nach diesem relativ langen Zeitraum war die sehr erfolgreiche Schlepperfamilie ein wenig in die Jahre gekommen, was zur Neubelebung des Geschäfts eine umfangreiche Aktualisierung des Typenprogramms notwendig machte. Die neuen Typen hatten hydrostatische Lenkung, Lastschaltgetriebe, lastschaltbare Zapfwelle sowie eine Hydraulik mit mehr Hubleistung – in diesem Fall 2300 kg. Beim Antrieb dieses wiederum mit Hinterrad- als auch mit Vierradantrieb erhältlichen MF 188 bestand kein Änderungsbedarf, sodass erneut das Vierzylinder-Direkteinspritz-Dieselaggregat A 4.248 von Perkins eingebaut wurde.

Bauzeit	1975–1982
Motor-Bauart	Vierzylinder/Reihe
Hubraum in ccm	3782
Leistung (PS/min)	75/2400
Leergewicht in kg	3500
Antriebsart	Allrad
Getriebe	16/8 oder 16/12

Mercedes-Benz MB-trac 800

Zeitgleich mit dem Modell 700 brachte Daimler-Benz den um 10 PS stärkeren Typ 800 heraus. Das jetzt auf Wunsch in einer 40 km/h-Bauausführung lieferbare Modell sollte sich zum meistverkauften der ganzen Serie entwickeln. Mit den beiden Typen war es gelungen, die nahezu jeder neuen Konstruktion anhaftenden Kinderkrankheiten auszumerzen. Die trafen vor allem Achsen und Getriebe und wurden durch geänderte Übersetzungen und verbesserte Gangabstufungen beseitigt. Ähnlich wie zuvor beim Unimog fanden sich für die im Ausbau befindliche MB-trac-Reihe neue Verwendungszwecke. Nach Land-, Forst- und Bauwirtschaft folgte die Industrie, die das Fahrzeug für sich entdeckte. Unterstützt wurden diese Bemühungen durch zahlreiche Präsentationen, wie auf der DLG-Messe des Jahres 1975 in Hannover, als erstmals eine entsprechend abgeänderte Variante als Industrieschlepper vorgestellt wurde. Mit dieser Ausrüstung konnte das Fahrzeug im innerbetrieblichen Verkehr Anhängelasten von bis zu 60 Tonnen bewegen.

Bauzeit	1971–1976
Motor-Bauart	Vierzylinder/Reihe
Hubraum in ccm	4068
Leistung (PS/min)	74/2000
Leergewicht in kg	2720
Antriebsart	Hinterrad
Getriebe	8/2 oder 12/4

Massey-Ferguson-Dieselschlepper MF 185

Dem Wunsch der europäischen Landwirte nach stärkeren Schleppern entsprach Ender der 1960er-Jahre Massey-Ferguson mit eigens auf diesen Markt abgestimmten Modellen. Eins dieser Fahrzeuge war der mit einem 74 PS starken Vierzylinder-Perkins-Dieselmotor ausgerüstete MF 185. Der Schlepper war werksseitig mit einem Dreigruppen-Schaltgetriebe mit acht Vorwärts- und zwei Rückwärtsgängen ausgerüstet. Mit Multipower-Ausrüstung standen zwölf Vorwärts- und vier Rückwärtsgänge zur Verfügung. Es war eine starke Maschine, die von Größe und Preis her eindeutig auf große Bauernhöfe gehörte. Vor allem bei schweren Pflug- und Feldarbeiten auf großflächigen Äckern sowie vor gezogenen zapfwellengetriebenen Mähdreschern, Feldhäckslern und anderen Vollerntemaschinen war der MF 185 in seinem Element. Andererseits konnte er genauso gut für Pflegearbeiten eingesetzt werden, obwohl dies nicht unbedingt sein angestammtes Metier war.

Bauzeit	1974–1980
Motor-Bauart	Vierzylinder/Reihe
Hubraum in ccm	3768
Leistung (PS/min)	70/2300
Leergewicht in kg	2830
Antriebsart	Hinterrad
Getriebe	12/4

Deutz-Dieselschlepper D 7206

Als Nachfolger des D 7006 gelangte im Jahr 1974 das jetzt auf 72 PS erstarkte Traktormodell D 7206 ins Deutz-Verkaufsprogramm. Als größter Vierzylinder war es ein sehr leistungsstarker Schlepper, der nicht nur auf mittleren, sondern bereits auf größeren Höfen vielfältige Verwendung finden konnte. Anfangs war dieses Fahrzeug mit dem Deutz-Getriebe TW 55.4 mit 12/4 Gängen ausgerüstet. Hier waren nur jeweils der 3. und der 4. Gang einer jeden Schaltgruppe synchronisiert. Ab 1978 wurde es durch das vollsynchronisierte TW 56.10 mit gleicher Gangzahl ersetzt. Die Deutz-Hydraulikanlage mit 2600 kg Hubkraft war der Größe des Fahrzeugs angemessen. Weiterhin üblich war eine unabhängige Zapfwelle, deren Doppelkupplung getrennt bedient wurde. Die fein dosierbare Zuschaltung erfolgte über einen Handhebel. Der D 7206 blieb bis zur Vorstellung einer neuen Modellreihe im Jahr 1980 in der Fertigung. Hier ein Hinterradtraktor mit Dieteg-Allwetterverdeck und Frontgewicht aus dem Jahr 1978.

Bauzeit	1974–1980
Motor-Bauart	Vierzylinder/Reihe
Hubraum in ccm	3768
Leistung (PS/min)	70/2300
Leergewicht in kg	3180
Antriebsart	Allrad
Getriebe	12/4

Deutz-Diesel-Allradschlepper D 7206 A

Bei den Vierzylinder-Modellen aus der Deutz-06-Familie ging 1974 der Typ D 7206 in Serie. Technisch entsprach der neue Traktor weitgehend seinem mit dem TW 55.4-Triebwerk ausgestatteten Vorgänger in der letzten Bauausführung. Die Motorleistung des axialluftgekühlten F 4 L 912-Dieselmotors war geringfügig auf 70 PS gestiegen, sodass der D 7206 nunmehr als stärkster Vierzylinder-Deutz-Schlepper im Verkaufsprogramm geführt wurde. Sowohl Hinterrad- als auch Allradschlepper blieben zunächst mit dem 12/4-Getriebe TW 55.4 ausgestattet. Ab 1978 wurde das TW 56.10 mit gleicher Gangzahl und Lenkradschaltung sowie mit Gangsynchronisation verwendet. Auch der Allradschlepper D 7206 A ließ sich mit Synchrongetriebe odern. Die beim Allradschlepper serienmäßig vorhandene Hydroblock-Lenkung wich 1977 einer hydrostatischen ZF-Lenkung. Ab 1974 wurden alle Deutz-Modelle in dem helleren Deutz-Grün 74 (RAL 6018) ausgeliefert. Die Lackierung der Felgen in Weißaluminium (RAL 9006) erfolgte ab Werk erst ab 1978.

Bauzeit	1974–1980
Motor-Bauart	Vierzylinder/Reihe
Hubraum in ccm	3768
Leistung (PS/min)	68/2300
Leergewicht in kg	3180
Antriebsart	Allrad
Getriebe	12/4

Deutz-Diesel-Allradschlepper D 6806

Bis auf die auf 68 PS gestiegene Motorleistung des Vierzylinder-Diesels entsprach das seit 1974 ausgelieferte Modell D 6806 der letzten Ausführung seines Vorgänger D 6006. Ab 1978 wurde in den D 6806 das Deutz-Synchrongetriebe TW 56.10 installiert, dessen Gangwechsel nun mittels Lenkradschaltung erfolgte. Die Zapfwelle wurde per Handhebel gekuppelt. Beim Al radschlepper D 6806 A wurde noch für kurze Zeit die mit Außenplanetentrieben ausgebildete ZF-Fronttriebachse APL 1550 eingebaut, die dann durch eine Sige-Allradvorderachse des Baumusters SLE 4171 ersetzt wurde. Ab 1976 gab es den Traktor auf Wunsch mit der allseits geschlossenen, besonders gut geräuschisolierten und festinstallierten Komfortkabine „Spezial" des dänischen Herstellers Bosal-Sekura. Nach wie vor gegen Aufpreis lieferbar war die nachrüstbare Fritzmeier-Verdeckkabine FK 9200 als preisgünstige Alternative. Für den Allradschlepper war ab 1980 die selbstsperrende Vorderachs-Differenzialsperre Optitrac verfügbar.

Bauzeit	1974–1980
Motor-Bauart	Vierzylinder/Reihe
Hubraum in ccm	3911
Leistung (PS/min)	67/2300
Leergewicht in kg	3080
Antriebsart	Hinterrad
Getriebe	8/4 oder 12/4

IHC-Dieselschlepper 744

Zu den im April 1974 bei International Harvester in Neuss neu vorgestellten Schleppermodellen gehörte auch der Typ 744 mit 67 PS. Dieses Fahrzeug war bereits werksseitig mit zahlreichem Zubehör bestückt, das man bei anderen Anbietern nur gegen Aufpreis erwerben konnte. Es war mit einem Vierzylinder-Direkteinspritzmotor ausgerüstet und verfügte gegenüber dem Vorgänger über einen längeren Radstand, bessere Gewichtsverteilung, größeren Kraftstofftank und höhere Hubleistung der Regelhydraulik, die jetzt über die Unterlenker des Dreipunktkrafthebers gesteuert wurde. Darüber hinaus hatten die Konstrukteure den Fahrstand völlig neu gestaltet, wobei die Gänge per Lenkradschalter eingelegt wurden. Serienmäßig lieferte International Harvester eine Zweifachkupplung für die fahrunabhängig zu- und abschaltbare Zapfwelle (Motorzapfwelle), Trockenluftfilter, verbesserte Ölfilter für ein Wechselintervall von 250 Stunden, Doppelscheibenbremsen, ein Synchrongetriebe für 30 km/h Höchstgeschwindigkeit und auf Wunsch eine hydrostatische Lenkung.

Bauzeit	1982–1990
Motor-Bauart	Dreizylinder/Reihe
Hubraum in ccm	2945
Leistung (PS/min)	66/2100
Leergewicht in kg	2950
Antriebsart	Hinterrad
Getriebe	16/4

Eicher-Dieselschlepper 3066 (Typ 3457)

Nachdem sich Eicher 1982 wirtschaftlich von Massey-Ferguson getrennt hatte, kam die Economy-Traktorserie auf den Markt. Fortan wurden die Perkins-Motoren auch in den Modellen der Klassen unterhalb von 75 PS durch luftgekühlte Eicher-Dieselmotoren aus der EDL-Reihe ersetzt. Das war auch wirtschaftlich sehr sinnvoll, wurde doch ohnehin die komplette Motorenpalette vom Zwei- bis zum Sechszylinder für Schmalspur-, Plantagen- und Großtraktoren weiterhin bei Eicher produziert. Hinzu kam, dass der plötzliche Wechsel von der traditionellen Luft- auf Wasserkühlung es dem Außendienst in der Vergangenheit nicht eben einfach gemacht hatte, für die neuen Aggregate zu werben. Jetzt hatten die Eicher-Traktoren wieder ein eigenes markentypisches Herz bekommen. Der Dreizylinder-Motor EDL 3-9 des mit Hinterrad- und Allradantrieb lieferbaren Typs 3066 war mit einem Abgas-Turbolader ausgestattet.

Bauzeit	1975–1982
Motor-Bauart	Vierzylinder/Reihe
Hubraum in ccm	3782
Leistung (PS/min)	65/2400
Leergewicht in kg	3520
Antriebsart	Allrad
Getriebe	14/8

Mercedes-Benz MB-trac 700

Der ab Juli 1973 im Daimler-Benz-Werk Gaggenau in Serie gefertigte MB-trac 65/70 hatte sich am Markt durchgesetzt. Der große Erfolg war an der Zulassungsstatistik abzulesen, nach der Daimler-Benz im Jahr 1974 unangefochten den ersten Platz bei Allradschleppern in der Leistungsklasse von 51 bis 70 PS belegte. Das führte zu der Entscheidung, aus dem Grundmodell eine Fahrzeugfamilie zu entwickeln. Nach wie vor sollten Baukomponenten aus dem Unimog-Programm möglichst zahlreich verwendet werden. Auf der DLG-Ausstellung 1974 wurde der Prototyp eines stärker motorisierten MB-trac vorgestellt, und im August des folgenden Jahres trat das MB-trac-Modell 700 die Nachfolge des Typs 65/70 an. Die Typenbezeichnung gab jetzt die mit dem Faktor 10 multiplizierte, gerundete PS-Zahl an. Neu war auch das leicht modifizierte geschlossene Fahrerhaus. Typ 700 hielt sich, mehrfach modifiziert und leistungsgesteigert, sehr lange und erfolgreich im Programm.

Bauzeit	1972–1976
Motor-Bauart	Vierzylinder/Reihe
Hubraum in ccm	3860
Leistung (PS/min)	65/2000
Leergewicht in kg	2800
Antriebsart	Hinterrad
Getriebe	12/4

Massey-Ferguson-Dieselschlepper MF 168

Das 1972 vorgestellte M+F-Traktormodell 168 kam im Rahmen der 100er-Bauserie als Nachfolger des Typs 165 auf den Markt. Die in den Werken im britischen Coventry und im französischen Beauvais gefertigten 168er-Traktoren erhielten den hubraumstärkeren Vierzylinder-Perkins-Dieselmotor A 4.236 aus dem Typ 175. Das Multi-Power-Getriebe hatte zwölf Vorwärts- und vier Rückwärtsgänge. Doppelscheibenbremsen dienten der Sicherheit, und die serienmäßig installierte hydraulische Lenkhilfe (Einfingerlenkung) trug wesentlich zu Entlastung des Schlepperfahrers bei. Zur Standardausrüstung gehörte die Ferguson-Regelhydraulik mit einfach wirkendem Steuergerät, das auf Wunsch auch zu einer doppelt wirkenden Ausführung erweitert werden konnte. Ein Allwetterverdeck mit beheizbarem Fahrerraum, Frontlader und zahlloses weiteres Zubehör gab es gegen Aufpreis.

Bauzeit	1974–1980
Motor-Bauart	Vierzylinder/Reihe
Hubraum in ccm	3768
Leistung (PS/min)	60/2050
Leergewicht in kg	2225
Antriebsart	Hinterrad
Getriebe	8/4 oder 12/4

Deutz-Dieselschlepper D 6206

1968 löste bei den Kölner Deutz-Werken das mit dem Vierzylindermotor F 4 L 912 ausgerüstete Schleppermodell D 5506 den erst im Jahr zuvor präsentierten Typ D 5005 ab. Der D 5506 wiederum erhielt 1974 mit dem D 6206 einen Nachfolger, dem er – bis auf die auf 58 PS erhöhte Motorleistung und die nunmehr hellgrüne Lackierung – im Wesentlichen entsprach. Er gehörte somit zu den vier zusätzlichen Modellen, um die Deutz die 06-Schlepperreihe im Mittelklassebereich ergänzte. Vorteil der auffälligeren Farbgebung war laut Deutz die bessere Signalwirkung und somit ein Plus an Sicherheit. Ab 1976 wurde eine auf 2400 kg Hubkraft ausgelegte Hydraulikanlage installiert. Zum Zwecke der optischen Angleichung an die neuen DX-Traktoren wurden die Felgen ab 1978 silberfarben lackiert. Das im Laufe der Bauzeit zum TW 50.4 weiterentwickelte Synchrongetriebe wies in der Grundausstattung 8/4 Gänge auf. Ausgerüstet mit einer Kriechganggruppe von 0,4 bis 1,8 km/h verfügte es über zwölf Vorwärtsgänge.

Bauzeit	1972–1985
Motor-Bauart	Vierzylinder/Reihe
Hubraum in ccm	4160
Leistung (PS/min)	60/2175
Leergewicht in kg	2795
Antriebsart	Hinterrad
Getriebe	13/4

Fendt-Dieselschlepper Farmer 105 S

Mit der Farmer-100-Schlepperreihe brachten die Fendt-Werke 1972 eine komplett neue Traktorenreihe auf den Markt. Es waren preisgünstige Fahrzeuge der mittleren Leistungsklasse, mit denen der Leistungsbereich von 40 bis 75 PS abdeckt wurde. Der mit einem 60 PS starken Vierzylinder-Dieselmotor ausgerüstete Typ Farmer 105 S war im Mittelfeld dieser Schlepperfamilie positioniert und der seinerzeit kleinste Vierzylinder der Reihe. Die S-Modelle besaßen einheitlich vollsynchronisierte Feinstufengetriebe, die Fendt-Turbokupplung, die als stufenlose Anfahrkupplung mittlerweile weiterentwickelt und vervollkommnet worden war, und eine lastschaltbare Zapfwelle. In die S-Ausführung konnte gegen Mehrpreis ein Wendegetriebe, mit dem man in jedem Gang unter Last vorwärts und rückwärts fahren konnte, installiert werden. Ab 1975 gelangte ein hubraumstärkerer Motor gleicher Leistung zum Einbau, sodass die Drehzahl gesenkt werden konnte. Der Preis des grundausgerüsteten Hinterradschleppers stieg allerdings von 22.150 Mark zur Einführung bis auf 31.010 Mark im Jahr 1976.

Bauzeit	1974–1980
Motor-Bauart	Vierzylinder/Reihe
Hubraum in ccm	3382
Leistung (PS/min)	60/2180
Leergewicht in kg	2880
Antriebsart	Hinterrad
Getriebe	8/4

IHC-Dieselschlepper 644

Unter dem anspruchsvollen Slogan „Die Parade der Perfekten" stellte International Harvester im April 1974 eine neue Traktorbaureihe der mittleren Leistungsklasse vor. Es waren die Fahrzeuge der „B-Familie", die aus den Typen 554, 644, 744 und 844 bestand. Verbesserungen gab es an Aufbau und Fahrgestell. So hatten die neuen Fahrzeuge längere Radstände, eine bessere Gewichtsverteilung und vergrößerte Kraftstofftanks. Der Fahrstand war nach ergonomischen Gesichtspunkten neu gestaltet und wirkte nun zweckmäßig und sehr aufgeräumt. Alle Bedienungselemente waren griffgünstig platziert, die Armaturen befanden sich im Blickfeld. Allen Fahrzeugen gemeinsam war die Ausrüstung mit Vierzylindermotoren unterschiedlicher Hubräume im Leistungsbereich zwischen 54 und 75 PS. Das Modell 644 hatte einen 60-PS-Diesel mit 3382 ccm Hubraum. Das Synchrongetriebe war ein IH-8 + 4, das eine Maximalgeschwindigkeit von 28,3 km/h zuließ. Das bis April 1980 gebaute Modell gab es auch als Allradschlepper.

Bauzeit	1974–1975
Motor-Bauart	Vierzylinder/Reihe
Hubraum in ccm	3382
Leistung (PS/min)	54/2180
Leergewicht in kg	3210
Antriebsart	Allrad
Getriebe	8/4 oder 16/6

IHC-Diesel-Allradschlepper 554 A

Im April 1974 brachte International Harvester eine neue Baureihe auf den Markt, die in der gehobenen mittleren Leistungsklasse ihren Platz hatte. Es war die unter dem Namen „B-Familie" zusammengefasste Typenreihe, deren Motorleistung sich von 54 bis 75 PS erstreckte. Die Modelle waren wohl durchdacht und großzügig ausgestattet, sodass bereits in der werksseitig vorhandenen Grundausrüstung viele Baukomponenten mitgeliefert wurden, die bei anderen Herstellern nur auf Wunsch gegen Mehrpreis zu haben waren. Gegenüber den Vorgängern wurden folgende Verbesserungen vorgenommen: größerer Radstand, verbesserte Gewichtsverteilung, größerer Kraftstofftank, verstärkte Regelhydraulik, die jetzt über die Unterlenker des Dreipunktkrafthebers gesteuert wurde, sowie der völlig neu gestaltete, moderne Fahrstand mit Lenkradschaltung. Das kleinste Modell war der 54-PS-Schlepper 554, der aufgrund des schlechten Absatzes bereits zehn Monate nach Erscheinen aus dem Programm genommen wurde.

Bauzeit	1975–1989
Motor-Bauart	Dreizylinder/Reihe
Hubraum in ccm	2934
Leistung (PS/min)	52/2180
Leergewicht in kg	2490
Antriebsart	Hinterrad
Getriebe	8/4

IHC-Dieselschlepper 633

Im Januar 1975 wurden die neuen Schleppertypen 433, 533 und 633 vorgestellt. Diese firmenintern als „A-Familie" bezeichneten Fahrzeuge basierten auf der engen Zusammenarbeit der IH-Werke in Frankreich und Deutschland und sollten alle Anforderungen der kleineren und mittleren landwirtschaftlichen Betriebe erfüllen. Die Direkteinspritzmotoren hatten drei Zylinder und unterschiedlich hohe Leistung. Als Getriebe dienten anfangs die IH-8 + 4-Leichtschaltgetriebe. Später waren es mit gleicher Gangzahl versehene Synchrongetriebe. Das 52-PS-Modell 633 hatte exakt die Bedürfnisse des Marktes getroffen, sodass sich dieses Fahrzeug zum meistgebauten IH-Schlepper entwickelte. Das auch in einer Allradausführung lieferbare Fahrzeug wurde während seiner langen Bauzeit technisch und optisch laufend aktualisiert und dem jeweils jüngsten Entwicklungsstand angepasst. Genau 31.364 Maschinen – so viel wie von keinem anderen in Neuss gebauten Schleppermodell – entstanden bis Ende 1989.

Bauzeit	1974–1980
Motor-Bauart	Dreizylinder/Reihe
Hubraum in ccm	2826
Leistung (PS/min)	51/2300
Leergewicht in kg	2000
Antriebsart	Hinterrad
Getriebe	8/4 oder 12/4

Deutz-Dieselschlepper D 5206

Zur DLG-Ausstellung 1974 in Frankfurt am Main stellte Deutz als Ersatz für einige entfallene Modelle vier neue Mittelklassetraktoren vor. So wurde die 06-Schlepperfamilie mit den Typen D 5206 mit 51 PS, D 6206 mit 58 PS, D 6806 mit 68 PS und D 7206 mit 72 PS wieder aufgefüllt. Alle Fahrzeuge waren sowohl mit Hinterrad- als auch mit Allradantrieb lieferbar. Der mit dem Dreizylinder-Direkteinspritzmotor F 3 L 912 ausgerüstete D 5206 trat an die Stelle des 48 PS starken D 5006. Während Gewicht und Abmessungen unverändert blieben, war die Motorleistung um drei PS gestiegen. Das 8/4-Deutz-Schaltwerk TW 50.3 war in der Eingangsleistung stärker belastbar als das bisherige TW 50.1. Auf Wunsch stand auch hier eine 12/4-Ausführung zur Verfügung. Die Hubkraft der Deutz/Bosch-Regelhydraulikanlage hatte man auf 1900 kg angehoben, die bisherigen Trommelbremsen durch wirkungsvollere Scheibenbremsen ersetzt. Auch die Motorzapfwelle gehörte zum serienmäßigen Lieferumfang.

Bauzeit	1972–1975
Motor-Bauart	Dreizylinder/Reihe
Hubraum in ccm	2550
Leistung (PS/min)	50/2175
Leergewicht in kg	2225
Antriebsart	Hinterrad
Getriebe	13/4

Fendt-Dieselschlepper Farmer 103 S

Sehr gute Verkaufserfolge erzielte das von 1972 bis 1975 angebotene Farmer-Modell 103 S, das innerhalb dieses kurzen Zeitraums genau 4342 Mal verkauft wurde. Hinzu kamen weitere 346 Fahrzeuge als Allradschlepper. Parallel dazu wurde das Einfachmodell Farmer 103 angeboten, das – obwohl in Leistung wie Ausrüstung weitgehend identisch – mit 605 verkauften Traktoren eine nur sehr schwache Nachfrage zu verzeichnen hatte. Lediglich auf die vorgelagerte Turbomatik, das vollsynchronisierte Getriebe und die lastschaltbare Zapfwelle musste der Erwerber verzichten. So verschwand dieses Modell sehr schnell wieder aus dem Verkaufsprogramm. Die kleinen Verkaufszahlen waren auch Indiz dafür, dass eine Ausrüstung gehobenen Standards mittlerweile als selbstverständlich galt und von der Mehrzahl der Kunden schlicht vorausgesetzt wurde. Der 103 S war mit dem Dreizylindermotor mit 48 PS sowie dem 13/4-Gang-Vollsynchron-Feinstufengetriebe, das um vier Superkriechgänge ergänzt werden konnte, ausgerüstet.

Bauzeit	1978–1982
Motor-Bauart	Dreizylinder/Reihe
Hubraum in ccm	3116
Leistung (PS/min)	50/2175
Leergewicht in kg	2515
Antriebsart	Hinterrad
Getriebe	13/4 oder 16/5

Fendt-Dieselschlepper 103 LS

Von dem seit 1972 angebotenen Farmer-Traktormodell 103 gab es zwischen 1978 und 1982 eine Luxusvariante, die unter der Bezeichnung Farmer 103 LS angeboten wurde. Gegenüber der Version 103 S zeichnete es sich durch besonders reichhaltiges Zubehör und viele nützliche Details aus. Dazu zählten schallgedämpfte Kabine, Scheibenwaschanlage, Sonnenblende, Kleiderhaken, Innenraumbeleuchtung sowie eine Warmwasserheizung mit Gebläse, die allerdings nur gegen Aufpreis erhältlich war. Das serienmäßige Fendt-Gruppenschaltgetriebe mit 13 Vorwärts- und vier Rückwärtsgängen ließ sich mit einer Superkriechganggruppe ab 0,34 km/h zu einem 16/5-Gang-Getriebe erweitern. Gesondert in Rechnung gestellt wurde auch die hydrostatische Spindellenkung, die anstelle der ZF-Gemmerlenkung eingebaut werden konnte. Als Motor diente ein Dreizylinder-MWM-Direkteinspritzer mit 50 PS. Im Gegensatz zum Modell 103 S verkaufte sich die LS-Variante mit 946 Einheiten eher enttäuschend, was vor allem am erheblich höheren Preis lag.

Bauzeit	1969–1975
Motor-Bauart	Dreizylinder/Reihe
Hubraum in ccm	2500
Leistung (PS/min)	47/2250
Leergewicht in kg	1784
Antriebsart	Hinterrad
Getriebe	12/4

Massey-Ferguson-Dieselschlepper MF 152

In seiner Leistung gegenüber dem Typ 135 um fünf PS stärker und in vielen Teilen baugleich war das 1969 vorgestellte MF-Modell 152. Es füllte die Lücke zwischen den Typen 135 und 165. Den Antrieb übernahm ein Dreizylinder-Direkteinspritzer von Perkins mit 47 PS. Serienmäßig vorhanden war bei diesem Modell das Multipower-Lastschaltgetriebe mit zwölf Vorwärts- und vier Rückwärtsgängen. Mit dieser Schaltung ließ sich durch Betätigung eines kleinen Hebels entweder die Zugkraft oder die Geschwindigkeit um jeweils etwa 30 Prozent erhöhen oder verringern. Die CAV-Flammstartvorrichtung – als zusätzliche Anlasshilfe bei niedrigen Temperaturen – gehörte zur Serienausstattung. Gegen Aufpreis erhältlich waren Riemenscheibe, Frontlader, Allwetterverdeck oder eine feste Fahrerkabine, verschiedene Zusatzgewichte sowie Zusatzsteuergeräte und Abreißkupplungen. Als kräftiger Universalschlepper war er die richtige Baugröße für den mittelgroßen Betrieb.

Bauzeit	1975–1989
Motor-Bauart	Dreizylinder/Reihe
Hubraum in ccm	2536
Leistung (PS/min)	45/2200
Leergewicht in kg	2240
Antriebsart	Hinterrad
Getriebe	8/4 oder 16/8

IHC-Dieselschlepper 533

Der 1975 in Serie gegangene IH-Schlepper 533 gehörte zu den kleineren Traktormodellen der A-Familie. Mit 45 PS zählte dieses Fahrzeug zur unteren Mittelklasse und deckte als Universalschlepper den Leistungsbedarf mittelgroßer Höfe. Den Antrieb übernahm ein Dreizylinder-Direkteinspritz-Diesel, der mit dem teilsynchronisierten 8+4-Leichtschaltgetriebe selbsttragend verblockt war. Auf Wunsch konnte das durch ein vollsynchronisiertes 8+4-Schnellganggetriebe für 30 km/h Höchstgeschwindigkeit oder durch ein 16+8-Getriebe mit synchronisiertem Reduziergetriebe ersetzt werden. Zudem gab es ein Superkriechganggetriebe. Zum serienmäßigen Lieferumfang zählten sowohl Motorzapfwelle mit Doppelkupplung als auch ein hydraulischer Kraftheber mit Exact-Regelhydraulik und Dreipunktaufhängung der Kategorie II. Ab 1980 gab es eine Fritzmeier-Kabine als Werksaufbau und drei Jahre später die geräuschisolierte Silent-85-Kabine. Mit 17.113 gebauten Einheiten war das Modell sehr erfolgreich.

Bauzeit	1972–1975
Motor-Bauart	Dreizylinder/Reihe
Hubraum in ccm	2550
Leistung (PS/min)	45/2300
Leergewicht in kg	2200
Antriebsart	Hinterrad
Getriebe	10/2

Hela-Dieselschlepper D 542

Mit dem Modell D 542 wurde im Jahr 1972 die 45-PS-Leistungsklasse nach aktuellen Gesichtspunkten neu aufgelegt. Das Fahrzeug gehörte einer neuen, allerdings auch der letzten Schleppergeneration dieses Herstellers an. Unter der Motorhaube verrichtete nun ein wassergekühlter MWM-Dreizylinder-Dieselmotor des Baumusters 225-3 mit Direkteinspritzung seinen Dienst. Der eigene Motorenbau war mittlerweile wieder eingestellt worden. Das Getriebe war ein mit zwei Schalthebeln zu betätigendes, modernes Gruppenschaltgetriebe eigener Konstruktion mit zehn Vorwärts- und zwei Rückwärtsgängen. Die serienmäßig vorhandene Motorzapfwelle sowie die Regelhydraulik mit 1850 kg Hubkraft an der Ackerschiene waren Standardausrüstungen, die in dieser Leistungsklasse erwartet wurden. Es war ein sehr solider, technisch auf dem Stand der Zeit befindlicher und gut verarbeiteter Schlepper. Leider entstanden nur noch 107 Fahrzeuge, was angesichts des verschwindend kleinen Marktanteils von eben 0,6 Prozent nicht weiter überraschte.

Bauzeit	1971–1975
Motor-Bauart	Dreizylinder/Reihe
Hubraum in ccm	2536
Leistung (PS/min)	45/2200
Leergewicht in kg	2180
Antriebsart	Hinterrad
Getriebe	8/2 oder 16/4

IHC-Dieselschlepper 453

Als dritter Schlepper, der mit dem neuen Dreizylinder-Direkteinspritzaggregat D 155 ausgerüstet wurde, kam im Juli 1971 der 45-PS-Traktor 453 hinzu. Auch er zählte zur Leistungsklasse der mittelschweren Traktoren und erhielt ab Mai 1972, wie im Übrigen die gesamte Reihe, eine geänderte Front, den so genannten „Alugrill". Die neue Direkteinspritzmotorenreihe war zusammen mit dem IH-Werk in Frankreich entwickelt worden. Für diese Motoren, die auch in Baumaschinen und Mähdreschern eingebaut werden sollten, waren Maximalleistungen bis zu 80 PS angedacht. Die Entwicklung der ebenfalls dieser Reihe angehörenden Sechszylinder-Dieselmotoren mit größeren Zylindereinheiten erfolgte in den USA. Anstelle des bewährten 8/2-Leichtschaltgetriebes mit Klauenschaltung, das auch in einer schnellen Ausführung zur Verfügung stand, konnte später optional eine Variante mit 16/4 Gangstufen und Zweifachkupplung eingebaut werden. Die Hubkraft der Exact-Regelhydraulik war mit 1760 kg auf die Leistung des Schleppers abgestimmt.

Kapitel 5 (1985–95)

Hightech, Elektronik, Globalisierung und das Streben nach immer mehr Leistung

Zwischen 1985 und 1995 schrumpfte die Zahl der Neuzulassungen auf dem westdeutschen Schleppermarkt weiter. Im Vergleich zur vorangegangenen Dekade hatte sich das Tempo aber deutlich verlangsamt. 1975 waren noch 64.171 Traktoren zugelassen worden, 1985 waren es 34.770 Stück – immerhin 29.401 Einheiten weniger. Das entsprach einem Rückgang um 46 Prozent. Bis 1995 sah es etwas weniger schlimm aus. In jenem Jahr wurden 26.480 Schlepper zugelassen, 8.290 Traktoren oder 24 Prozent weniger als zehn Jahre zuvor. Es war nicht abzusehen, wie die weitere Entwicklung verlaufen würde. Doch schienen die Zahlen darauf hinzudeuten, dass die Talsohle möglicherweise in greifbare Nähe gerückt war. Dies sollte sich in den folgenden Jahren auch tatsächlich bewahrheiten. Der Markt stabilisierte sich bei jährlich rund 30.000 Neuzulassungen (im Jahr 1999 waren es 28.047 Einheiten), große Wachstumsraten waren aber seither nicht mehr zu erwarten.

Der Schleppermarkt – ob in Deutschland oder weltweit – wurde immer mehr von einigen wenigen, global agierenden Großkonzernen beherrscht. Nach der letzten großen Auslesewelle in den 1960er und 1970er Jahren setzte in den 1990er Jahren in Deutschland und weltweit eine weitere Konzentrationswelle ein. Die als Hersteller von Supertraktoren bekannt gewordene Firma Schlüter konnte immer weniger ihrer Ackergiganten verkaufen und musste die Fertigung beenden. Case International, der frühere Hersteller IHC, gab die deutsche Fertigung in Neuss auf. Die 1981 neu gebildete Firma Deutz-Fahr musste 1995 infolge wirtschaftlicher Schwierigkeiten ihre Landwirtschaftssparte in die italienischen Same-Gruppe integrieren. Seither firmiert das Unternehmen unter dem Namen Same Deutz-Fahr. Beim bayerischen Traktorhersteller Eicher waren es die Schmalspurtraktoren, die bis zum Schluss überlebt hatten und für die man immerhin eine gewisse Zukunft sah. Wegen anhaltender wirtschaftlicher Schwierigkeiten wechselte das Unternehmen aber mehrfach den Besitzer, die Absatzzahlen schrumpften indes weiter. Schließlich musste der verbliebene Rest des einstmals respektablen Eicher-Werkes aufgegeben werden. Das in Marktoberdorf ansässige Fendt-Schlepperwerk ging in den Besitz des großen US-amerikanischen Landmaschinenkonzern AGCO über, der aber damit dem deutschen Hersteller – bei weitgehender Selbständigkeit in den Bereichen Konstruktion und Vertrieb – besseren Zugang zu den internationalen Märkten eröffnete.

Nach dem vorläufigen Ende des überaus harten Ausleseprozesses bestand die einstmals aus mehr als 60 Firmen bestehende deutsche Schlepperindustrie nur noch aus den Herstellern DaimlerChrysler, Deutz-Fahr, John Deere und Fendt sowie aus einigen kleineren Firmen, die sich auf dem Gebiet der Spezialschlepper betätigten. Sie konnten sich in Marktnischen zurückziehen, die für die Großen der Branche wenig interessant, sprich nicht profitabel genug waren. Zwischen 1985 und 1995 teilten sich Fendt, Deutz-Fahr, Case IH und John Deere die ersten vier Plätze in der Zulassungsstatistik, mit Fendt stets auf dem ersten Rang.

Traktorhersteller wurden aber nicht nur aufgekauft und durch Fusion für immer Geschichte, es entstanden auch neue Unternehmen. Das bekannteste und sicherlich prägnanteste Beispiel ist der US-amerikanische Landmaschinenkonzern AGCO. Er entstand ursprünglich aus der Hinterlassenschaft des missglückten Deutz-Fahr-Versuchs, auf dem US-amerikanischen Markt Fuß zu fassen. 1990 übernahmen einige Führungskräfte das Unternehmen, änderten den Namen in Allis-Gleaner-Corporation (AGCO) und verlegten den Firmensitz nach Duluth in Georgia. Was nun folgte, waren ein geradezu kometenhafter Aufstieg und eine beispiellose Expansion durch Zukäufe von Mitbewerbern. Dadurch wuchs AGCO innerhalb kürzester Zeit von einem rein US-amerikanischen Unternehmen zu einem der wichtigsten Global Player in der Traktoren- und Landmaschinenbranche.

Ein auch für diese überaus wichtiges Ereignis war der Fall des Eisernen Vorhangs Anfang der 1990er Jahre. In der früheren DDR und in den übrigen ehemaligen Ostblockstaaten öffneten sich neue Märkte mit einem riesigen Bedarf an moderner Landtechnologie. Die bis dahin kollektiv bewirtschafteten Ackerflächen hatten Dimensionen, wie man sie in der westeuropäischen Landwirtschaft kaum kannte. Traktoren und Landmaschinen der obersten Größenklasse fanden nun auch in Osteuropa einen Markt. Der Trend zu größeren Traktoren und höherer Leistung hielt aber auch in Westeuropa unvermindert an. Die Zahl der Landwirte schrumpfte kontinuierlich, immer mehr Höfe gaben auf, während die Ackerflächen der übrig gebliebenen Betriebe immer größer wurden. Rentables Arbeiten erforderte immer größere Maschinen und somit leistungsstärkere Schlepper.

Schlüter-Diesel-Allradschlepper Super 1500 VL

Das zur Super-Baureihe zählende Schlüter Modell Super 1250 VL wurde im Juli 1972 vorgestellt. Der wassergekühlte, mit sechs Zylindereinheiten ausgestattete Direkteinspritz-Diesel SDM 110 W 6 arbeitete bei 2000 Touren. Das ZF T 3315-Getriebe hatte in der Normalausführung zwölf Vorwärts- und sechs Rückwärtsgänge. In der Bauvariante mit Kriechgängen kam es auf 16/8-Gangstufen. Die Maximalgeschwindigkeit lag bei 32 km/h. Eine Motorzapfwelle mit zwei Geschwindigkeiten sowie eine leistungsstarke ZF-Hydraulik mit 5600 kg Hubkraft gehörten zum serienmäßigen Mindestlieferumfang. Auf Wunsch konnte eine Frontzapfwelle angebaut werden.

CASE INTERNATIONAL 9170

Steiger-IH-Diesel-Allradschlepper 9170

Die Steiger Tractor Company mit Sitz in Fargo, North Dakota, war ein Hersteller von Großtraktoren der jene Farmer belieferte, denen selbst die großen Schlepper der Marktführer noch zu klein waren. Es waren ausgewiesene Supertraktoren, die nicht nur durch ihre schiere äußere Größe beeindruckten, sondern auch hielten, was diese versprach. Aber in der Landwirtschaftskrise der 80er Jahre ging die Nachfrage nach diesen Ackergiganten so weit zurück, dass die Produktionskapazitäten nur noch zu einem Viertel ausgelastet waren. Mit anderen Worten: man stand kurz vor dem Bankrott. 1986 erfolgte die Übernahme durch Tenneco und die Vereinigung mit Case IH. Das technische Knowhow setzte Case IH sofort in die Lage, in den Markt großer Knicklenkertraktoren einzusteigen. Seitdem werden die Case-IH-Schlepper der obersten Leistungsklasse in Fargo produziert. Die 9100-Serie war die erste Baureihe, die in Fargo unter dem Markennamen Case IH und mit rotem Lack erschien. Wie andere Modelle wurde sie bis 1989 aber auch in grüner Farbe und mit dem Namen Steiger vertrieben. Vorgänger der 9100-Modelle waren die der Steiger-1000-Reihe, die anstelle von Nummern Raubtiernamen trugen. Die 9100-Reihe umfasste die fünf Modelle 9110 mit 200 PS, 9130 mit 220 PS, 9150 mit 280 PS, 9170 mit 335 PS, 9180 mit 375 PS und 9190 mit 525 PS. Die Motoren der beiden kleineren Modelle stellte Case IH selbst her. Für die Modelle 9150, 9170, 9180 und 9190 wurden Antriebsaggregate von Cummins geliefert. Alle Motoren besaßen sechs Zylinder, einen Turbolader und Ladeluftkühlung (mit Ausnahme des 9110). Der Hubraum maß zwischen 8,3 und 18,8 Litern – im Falle des 9170 waren es 14 Liter. Ein Powershift-Getriebe mit zwölf Vorwärts- und zwei Rückwärtsgängen gehörte zur Standardausstattung. Beim 9170 war es im Bereich von 3,2 bis 27,8 km/h abgestuft. Serienmäßig war die hydrostatische Lenkung. Bei allen Modellen der 9100-Reihe handelte es sich um Knicklenker. Das heißt, zum Lenken wurden nicht die Vorderräder einzeln eingeschlagen, sondern das Vorderteil schwenkte komplett um einen Drehpunkt in der Rumpfmitte. Da die Großschlepper stets mit doppelter oder dreifacher Bereifung ausgestattet waren, hätte eine herkömmliche Vorderradlenkung nur einen extrem großen Wendekreis gestattet. Die 9100-Modelle kamen daher mit einem Wendekreis von etwa 7,8 bis 10,7 Metern aus. Das Gewicht des 9170 betrug 12.700 kg – das größte Modell 9190 brachte 18.600 kg auf die Waage. Die 9100-Reihe fand sich bis 1990 im Traktorenprogramm von Case ICH, wobei das im Mittelklasse-Modell 9170 zuletzt für 119.000 Dollar in der Grundausrüstung angeboten wurde.

Bauzeit	**1986–1990**
Motor-Bauart	**Sechszylinder/Reihe**
Hubraum in ccm	**14.000**
Leistung (PS/min)	**335/2100**
Leergewicht in kg	**12.700**
Antriebsart	**Allrad**
Getriebe	**12/2**

Case-IH-Diesel-Allradschlepper Magnum 7140

Der Magnum 7140 gehörte zur 7100-Reihe, die von 1987 bis 1993 im früheren Case-Werk in Racine im US-Bundesstaat Wisconsin entstand. Wie bei den übrigen Modellen der Baureihe war auch beim Magnum 7140 ein mit Turbolader und Ladeluftkühlung ausgestatteter Sechszylinder-Cummins-Motor für den Antrieb zuständig. Als Nennleistung wurden 230 PS angegeben. Die Höchstleistung lag bei 246 PS. Ein 18/2-Gang-Powershift-Getriebe erlaubte den Betrieb mit Geschwindigkeiten von 2,9 bis maximal 31,5 km/h. Angesichts dieser Größe war die serienmäßige Ausrüstung mit einer hydrostatischen Lenkung nachvollziehbar. Der Regelhydraulik-Kraftheber war mit einem Hubvermögen von 4650 kg ausgestattet. 1991 erfuhr das Modell mit der Vergrößerung seiner Kotflügel eine kleine Änderung. Auf dem nordamerikanischen Markt wurde der Magnum 7140 mit Hinterrad- und mit Allradantrieb angeboten. In Europa gab es ihn nur mit Allradantrieb. Die auf Gummielementen gelagerte, sehr geräumige Kabine war mit einem Lärmpegel von maximal 73 dB für die damalige Zeit ausgesprochen leise. Eine als vorbildlich zu bezeichnende Kalt- und Warmluftanlage sorgte in Verbindung mit einem bequemen Komfortsitz für angenehme Arbeitsbedingungen im Kabineninneren – und das bei jedem Wetter. Sie war mit wärmedämmendem Sicherheitsglas ausgestattet und bot eine ausgezeichnete Rundumsicht für den Schlepperfahrer. Der Magnum 7140 erreichte eine Länge von 4860 mm und kostete auf dem US-amerikanischen Markt 91.000 Dollar.

Bauzeit	1987–1993
Motor-Bauart	Sechszylinder/Reihe
Hubraum in ccm	8300
Leistung (PS/min)	246/2200
Leergewicht in kg	10.786
Antriebsart	Allrad
Getriebe	18/2

Case-IH-Allradschlepper Magnum 7220

Aus US-amerikanischer Produktion stammte der Case IH Magnum 7220, der von 1994 bis 1996 in Racine hergestellt wurde. Das Arbeiten etwa mit der Scheibenegge Carrier 420 von Väderstad war für den 7220 selbst unter schwierigen Bedingungen kein Problem. Angetrieben wurde der Oberklasseschlepper von einem Cummins-Motor, der sechs Zylinder, Turboaufladung und einen Hubraum von 8,3 Litern hatte. Die Nennleistung lag bei 185 PS. Als Höchstleistung wurden 195 PS angegeben. Die übrigen Fahrzeuge der 7200-Baureihe waren die Typen 7210 mit 155 PS, 7230 mit 207 PS, 7240 mit 234 PS sowie das Spitzenmodell 7250 mit 249 PS Nennleistung. Für den europäischen Markt war der Traktor mit einem 24/6-Gang-Powershift-Standardgetriebe und einer Höchstgeschwindigkeit von 40 km/h ausgestattet, während für den US-amerikanischen Markt ein 18/4-Gang-Getriebe, das für maximal 30,8 km/h ausgelegt war, zur Verfügung stand. Aber auch für die Farmer jenseits des Atlantiks war auf Wunsch eine feinere Getriebeabstufung erhältlich. Ab 1997 erschienen die Modelle der 7200-Reihe als Magnum Pro mit einem etwas stärkeren Motor. Die Nennleistung lag nun im Bereich von 170 bis 261 PS. Als Höchstleistung wurden Werte von 174 bis 276 PS genannt. In einigen mitteleuropäischen Ländern wie Österreich, Ungarn und der Tschechischen Republik vertrieb Case IH die Magnum-Pro-Modelle als Steyr-Traktoren der 9200-Reihe. Die Schlepper behielten das Case-IH-Rot als Lackierung und bekamen nur einen anderen Markennamen und einen weißen Streifen mit der Typenbezeichnung an der Motorhaube. In den USA dagegen wurde aus der Magnum-Pro-Reihe die Baureihe 8900.

Bauzeit	1994–1996
Motor-Bauart	Sechszylinder/Reihe
Hubraum in ccm	8300
Leistung (PS/min)	195/2200
Leergewicht in kg	7900
Antriebsart	Allrad
Getriebe	24/6

Case IH-Diesel-Allradschlepper Magnum 7120

Die 7100-Serie war die erste auf eigener Entwicklungsarbeit basierende Case-IH-Schlepperbaureihe. Das heißt, sie war erst nach dem Zusammenschluss von IHC und Case entwickelt worden. Der Magnum 7120 lief von 1987 bis 1993 in Racine vom Band. Angetrieben wurde er von einem Sechszylinder-Turbomotor von Cummins. Mit einem Hubraum von 8,3 Litern leistete er 180 PS. Der Oberklasseschlepper wurde in verschiedenen Ländern mit unterschiedlichen Getrieben angeboten. In Europa am häufigsten war das Powershift-Getriebe mit 18 Vorwärts- und vier Rückwärtsgängen. Es war für den Geschwindigkeitsbereich von 2,9 bis 29,4 km/h ausgerichtet. Es gab dieses Fahrzeug jedoch auch in Getriebeausführungen mit 17/4 sowie unter Einschluss eines Superkriechganggetriebes mit 23/6 Gangstufen. Für den europäischen Markt stand der Magnum 7120 nur mit Allradantrieb zur Verfügung. Auf der anderen Seite des Atlantiks gab es ihn aber auch als Hinterradmaschine. Der hydraulische Regelkraftheber wartete mit einem Hubvermögen von 3800 kg auf, was im Vergleich zu manchen deutschen Konstruktionen einen recht bescheidenen Wert darstellt.

Bauzeit	1987–1993
Motor-Bauart	Sechszylinder/Reihe
Hubraum in ccm	8300
Leistung (PS/min)	180/2200
Leergewicht in kg	7532
Antriebsart	Allrad
Getriebe	18/4

Massey-Ferguson-Diesel-Allradschlepper MF 3680

Im Jahr 1987 präsentierte Massey Ferguson drei Schleppermodelle, aus denen die neue 3600-Reihe gebildet wurde. Die im Massey-Ferguson-Werk im französischen Beauvais gefertigten Modelle MF 3610 mit 113 PS, MF 3630 mit 133 PS und MF 3650 mit 150 PS waren Fahrzeuge der oberen Leistungsklasse. Angetrieben wurden sie von Sechszylindermotoren mit 5,8 Litern Hubraum aus dem Hause Perkins. Zwei Jahre später erweiterte MF die Traktorenreihe mit dem Modell 3680 um ein viertes Fahrzeug. Im Unterschied zu den bisherigen Fahrzeugen der Serie war es mit dem Sechszylinder-Turbo-Diesel des Typs 620DS Turbo als Kraftquelle ausgerüstet. Dieses mit Aufladung und Ladeluftkühlung ausgestattete Aggregat schöpfte aus einem Hubvolumen von ebenfalls 5800 ccm eine Leistung von 180 PS. Ein Wendegetriebe mit 16/16-Gangstufen gehörte zur Standardausstattung. Neben einer klassenüblichen Motorzapfwelle war ein Dreipunkt-Regelhydraulik-Kraftheber mit 5200 kg Hubvermögen vorhanden. Alle vier Modelle der 3600-Reihe waren nur mit Allradantrieb verfügbar. Die Höchstgeschwindigkeit lag beim MF 3680 bei 37 km/h; die drei weiteren Modelle erreichten auf der Straße 40 km/h. Die Ausstattung für den amerikanischen Markt unterschied sich von jener für Europa durch verschiedene Details.

Bauzeit	1989–1990
Motor-Bauart	Sechszylinder/Reihe
Hubraum in ccm	5797
Leistung (PS/min)	180/2200
Leergewicht in kg	6160
Antriebsart	Allrad
Getriebe	16/16

Bauzeit	1992–1997
Motor-Bauart	Sechszylinder/Reihe
Hubraum in ccm	5883
Leistung (PS/min)	125/2200
Leergewicht in kg	5182
Antriebsart	Allrad
Getriebe	16/12

Case IH-Diesel-Allradschlepper Maxxum 5150

Das Maxxum-Modell 5150 von Case IH gehörte zu den letzten Traktoren, die in Neuss am Rhein hergestellt wurden. Das Fahrzeug, das Teil der 5100-Reihe war, kam Ende 1992 auf den Markt. Ein Sechszylindermotor mit Turbolader von Cummins diente als Antrieb. Der Hubraum betrug 5,9 Liter, die Nennleistung 125 PS. Ein 16/12-Gang-Powershuttle-Getriebe gehörte zur Standardausrüstung. Auf Wunsch war auch eine 24/20-Variante mit integrierter Superkriechganggruppe verfügbar. 1996 erfuhr der Maxxum 5150 einige Änderungen. Dazu gehörte die Vergrößerung des Kraftstofftanks von 170 auf 220 Liter. Aufgrund der Überkapazitäten des Unternehmens wurde die Traktorproduktion 1997 von Neuss nach Doncaster verlagert. Dies war das Ende des Neusser Werks, in dem seit 1910 für International Harvester und später für Case IH Landmaschinen und Traktoren hergestellt worden waren. Vom Maxxum 5150 wurden insgesamt 15.091 Einheiten hergestellt.

Bauzeit	1990–1991
Motor-Bauart	Sechszylinder/Reihe
Hubraum in ccm	6234
Leistung (PS/min)	120/2300
Leergewicht in kg	5150
Antriebsart	Allrad
Getriebe	21/6

Fendt-Diesel-Allradschlepper Farmer 312 LSA

Seit 1987 fand sich das Fendt-Traktormodell Farmer 312 LSA in den Verkaufslisten dieses Herstellers. 1990 erfolgte eine Überarbeitung, die mit einer Leistungssteigerung auf 120 PS verbunden war. Von dieser zweiten Ausführung wurden bis 1991 genau 1123 Exemplare verkauft. Installiert war ein bis knapp 40 km/h reichendes Fendt-Vollsynchron-Feinstufen-Schaltgetriebe, ausgerüstet mit Overdrive und elektromagnetischer Vorwahl der 21 Vorwärts- und sechs Rückwärtsgänge. Eine Kriechganggruppe ermöglichte Geschwindigkeiten von 0,33 bis 1,18 km/h. Hydrostatische Lenkung und Voith-Turbokupplung gehörten zur Serienausstattung. Der mit der ZF-Allradvorderachse APL 700 F 6 ausgerüstete Traktor konnte mit einer mit drei Geschwindigkeiten arbeitenden Motorzapfwelle, die es auf Wunsch auch für den Frontbereich gab, sowie einem Dreipunkt-Regelhubwerk mit 5800 kg Hubvermögen aufwarten.

Bauzeit	1983–1990
Motor-Bauart	Sechszylinder/Reihe
Hubraum in ccm	6128
Leistung (PS/min)	115/2400
Leergewicht in kg	4840
Antriebsart	Allrad
Getriebe	18/6 oder 24/6

Deutz-Diesel-Allradschlepper DX 6.30

Das Angebot der DX-6-Klasse richtete sich von vornherein an große landwirtschaftliche Betriebe und Lohnunternehmer. Übertroffen wurden die Modelle im Deutz-Fahr-Programm nur noch vom DX 7.10 und dem in den USA produzierten DX 8.30. Entsprechend ihrer Zielgruppe waren die DX-6-Schlepper so konzipiert, dass sie auch mit einem Frontanbauraum ausgestattet werden konnten. Dazu gehörten ein Frontkraftheber und eine Frontzapfwelle, die mit 1000/min arbeitete. Die Heckzapfwelle besaß zwei Stummel, von denen einer für 540 und der andere für 1000/min vorgesehen war. Der Regelhydraulik-Heckkraftheber entwickelte eine Hubkraft von 5200 und mit Zusatzzylinder gar 6500 kg. Beim Frontkraftheber lag dieser Wert bei 2900 kg. Serienmäßig ausgestattet war dieses Traktormodell mit dem Deutz-Vollsynchron-Gruppenschaltgetriebe TW 904 mit 18/6-Gangstufen. Dieses konnte unter Hinzufügung einer Superkriechganggruppe zu einem 24/6-Getriebe erweitert oder als Powermaticgetriebe mit 48/12-Gangstufen geliefert werden.

Bauzeit	1987–1990
Motor-Bauart	Sechszylinder/Reihe
Hubraum in ccm	6234
Leistung (PS/min)	115/2300
Leergewicht in kg	5050
Antriebsart	Allrad
Getriebe	21/6

Fendt-Diesel-Allradschlepper Farmer 312 LSA

Die Produktion des Modells Farmer 312 LSA begann bei Fendt im Jahr 1987. Das nur als Allradschlepper verfügbare Fahrzeug zeichnete sich durch ausgezeichnetes Preis-Leistungsverhältnis sowie durch die sehr gediegene Ausstattung aus. Dies bezog sich vor allem auf die Kabine, die mit allen damals üblichen Annehmlichkeiten ausgerüstet war, um dem Schlepperfahrer den nicht selten den ganzen Arbeitstag währenden Aufenthalt auf dem Fahrzeug erträglich zu machen. Als Triebwerk diente ein 21/6-Gang-Vollsynchrongetriebe, das eine Höchstgeschwindigkeit von knapp 40 km/h ermöglichte. Zusätzlich waren 20 Kriechgänge für die Vorwärtsfahrt und sechs für die Rückwärtsfahrt verfügbar. Mit dieser Getriebevariante war die Maximalgeschwindigkeit allerdings auf 29,4 km/h begrenzt. Bis 1990 wurden von diesem mit einer ZF-Fronttriebachse mit Außenplanetentrieben ausgerüsteten Modell 3148 Exemplare verkauft.

Bauzeit	1982–1993
Motor-Bauart	Sechszylinder/V
Hubraum in ccm	5687
Leistung (PS/min)	105/2200
Leergewicht in kg	4600
Antriebsart	Allrad
Getriebe	12/5, 20/9 o. 24/10

Schlüter-Diesel-Allradschlepper Compact 1050 V 6

Durch die Produktionseinstellung der ZF-Getriebebaureihe A-200 fielen bei Schlüter alle bisherigen Modelle mit weniger als 80 PS aus dem Programm. Als Ersatz traten die ab Juli 1971 als Compact-Schlepper bezeichneten Modelle an, die mit Getrieben der Baugruppe T-3000 ausgerüstet wurden. Diese neue Traktorreihe zeichnete sich – wie ihr Name schon sagte – durch eine im Vergleich zu den Super-Modellen kompaktere Baugröße bei nahezu identischer technischer Ausstattung aus. Die bis Ende 1993 angebotene Reihe wurde schließlich bis 130 PS ausgebaut. Mit 105 PS im Mittelfeld befand sich der seit Juli 1982 erhältliche Compact-Schlepper 1050 V 6, der erstmals mit einem MAN-Sechszylindermotor ausgerüstet wurde. Er ersetzte den Compact 1050 TV mit aufgeladenem Vierzylinder und erhielt das neue schrägverzahnte ZF-Triebwerk T 3245. Das Fahrzeug wurde laufend verbessert. So erhielt es Ende 1984 die neue ZF-Allradvorderachse APL 335 mit automatischem Selbstsperrdifferenzial, einen neuen Verkleidungsträger und einen verlängerten Radstand.

Bauzeit	1983–1992
Motor-Bauart	Vierzylinder/Reihe
Hubraum in ccm	6560
Leistung (PS/min)	100/1800
Leergewicht in kg	5020
Antriebsart	Hinterrad
Getriebe	12/8

IFA-Zugtraktor ZT 320 A

Im Jahr 1983 lösten die neuen Schleppermodelle ZT 320 und ZT 323 die bisherigen Typen ZT 300 und 303 ab. Wiederum entstanden hinterrad- und allradgetriebene Ausführungen. Die Konstruktion erfolgte unter Beibehaltung der wesentlichen Bauprinzipien und vieler bewährter Komponenten. Das Getriebe hatte eine zusätzliche Schaltstufe, sodass mit jeweils vier Vorwärts- und Rückwärtsgängen jetzt insgesamt zwölf Gänge vorwärts und acht rückwärts in günstigerer Abstufung zur Verfügung standen. Die Doppelkupplung erhielt eine hydraulische Kraftunterstützung, während die Regelhydraulik durch Zugkraftregelung über die Unterlenker, Lageregelung über die Hubwelle und stufenlose Mischregelung wesentlich erweitert worden war. Allein durch die größere Bereifung stieg die Zugleistung beim Hinterradschlepper um sechs Prozent. Für Straßentransporte war eine Druckluftbremsanlage verfügbar. Mit dieser überarbeiteten Version war der ZT technisch auf dem Stand der Zeit.

Bauzeit	1986–1993
Motor-Bauart	Sechszylinder/Reihe
Hubraum in ccm	5900
Leistung (PS/min)	100/2300
Leergewicht in kg	5193
Antriebsart	Allrad
Getriebe	16/8

John Deere-Diesel-Allradschlepper 3350

Das John Deere-Modell 3350 wurde 1986 vorgestellt. Mit seinem 100 PS starken Sechszylindermotor gehörte das Fahrzeug zu jener Zeit auf dem europäischen Markt bereits zu den Traktoren der Oberklasse. Die Kabine des 3350 wurde unter SG 2 geführt. Die Abkürzung stand für „Sound Guard 2". Damit war gemeint, dass es sich um eine Weiterentwicklung der ursprünglichen Sound-Guard-Kabine handelte, die sich durch sehr effektive Schalldämmung und besonders großen Komfort ausgezeichnet hatte. Sie war neben der Normalversion in einer niedrig gebauten Ausführung erhältlich, um dem Traktor die Einfahrt durch Scheunen- und Stalltore zu erleichtern. Bei Bedarf konnten die Seiten- und das Rückfenster sowie die Dachluke der Kabine aus- oder hochgestellt werden. Optional gab es für die Kabine eine Klimaanlage. Eine Heizung gehörte zur Standardausstattung, ein Filtersystem hielt die Luft frisch. Für niedrige Geräuschbelastung sorgten nicht nur Gummielemente, auf denen die Kabine gelagert war, sondern auch die gebogene Frontscheibe, die Schallwellen reflektierte.

Bauzeit	1983–1992
Motor-Bauart	Vierzylinder/Reihe
Hubraum in ccm	6560
Leistung (PS/min)	100/1800
Leergewicht in kg	5690
Antriebsart	Allrad
Getriebe	12/8

IFA-Zugtraktor ZT 323-A (Allradantrieb)

Obwohl seit den späten 1970er Jahren beim DDR-Landtechnikbau der Schwerpunkt auf Erntemaschinen lag, wurde einer Überarbeitung der ZT-300-Reihe dennoch stattgegeben, da man sich weiterhin gute Exportchancen und harte Valutamark erhoffte. Besondere Bedeutung kam dem Allradschlepper ZT 323-A zu, wurde doch in dieser Leistungsklasse Allradantrieb immer häufiger als unverzichtbar angesehen. Zum Einbau gelangte der auf 100 PS gesteigerte überarbeitete Motor, dessen Kraftstoffverbrauch und Schadstoffemissionen gesenkt werden konnten. Eine neue, aktualisierte Formgebung, eine verbesserte arbeitshygienische Gestaltung des Arbeitsplatzes des Traktoristen und eine weitere Verbesserung der Zuverlässigkeit des Schleppers waren die weiteren angestrebten Ziele. Im Vergleich zu den ZT 300-Typen waren die neuen Vertreter deutlich vielseitiger geworden. Obwohl es keine grundsätzlichen Neuentwicklungen waren, entsprachen die neuen Modelle zur Zeit ihres Erscheinens durchaus dem in westlichen Ländern erreichten technischen Stand.

Bauzeit	1983–1990
Motor-Bauart	Sechszylinder/Reihe
Hubraum in ccm	5655
Leistung (PS/min)	100/2300
Leergewicht in kg	4750
Antriebsart	Allrad
Getriebe	18/6 oder 24/6

Deutz-Diesel-Allradschlepper DX 6.10

In den 1980er Jahren deckten im Deutz-Programm die Sechszylindermodelle der DX 6-Klasse den oberen Leistungsbereich ab. 1983 begann die Produktion des DX 6.10, der mit seinem luftgekühlten Direkteinspritzdiesel aus der FL 912-Motorenreihe eine Leistung von 100 PS erreichte. Dieses Fahrzeug löste den Typ DX 110 ab, von dem er sich hauptsächlich durch das jetzt verwendete Deutz-Synchron-Gruppengetriebe TW 903 mit 18/6 Gangstufen in der Standardausführung unterschied. Auf Wunsch stand ein Superkriechganggetriebe zur Verfügung, das mit 24/6 Gängen ausgestattet war. Ebenso gab es Bauausführungen mit 30 und mit 40 km/h Endgeschwindigkeit. Die Deutz- oder Bosch-Regelhydraulik verfügte über 5200 respektive 6500 kg Hubkraft. Auf dem Inlandsmarkt stand der Schlepper nur als Allradfahrzeug zur Verfügung. Eine ebenfalls lieferbare Hinterradausführung blieb dem Export vorbehalten. Deutz produzierte die drei stärksten DX-6-Modelle bis 1990.

Bauzeit	1991–1993
Motor-Bauart	Vierzylinder/Reihe
Hubraum in ccm	4154
Leistung (PS/min)	92/2300
Leergewicht in kg	4290
Antriebsart	Allrad
Getriebe	21/21

Fendt-Diesel-Allradschlepper Farmer 309 LSA

Der Farmer 309 LS und seine allradgetriebene Version 309 LSA kamen als Schlepper der oberen Mittelklasse bereits 1981 auf den Markt. Im Laufe der bis 1998 währenden langen Bauzeit erfuhren sie zahlreiche Überarbeitungen und vor allem mehrere Leistungssteigerungen von zunächst 86 über 90 und 92 bis 95 PS im Jahr 1995. Zudem gab es eine Vielzahl unterschiedlicher Getriebevarianten. 1990 bekamen die Farmer-Modelle neue Vorderachsen, wobei jene der Allradversion weiterhin in Außenplanetenbauweise von ZF kamen. Das Hubvermögen des Regelhubwerks stieg beständig und erreichte schließlich einen Wert von 4420 kg. Ab 1990 endete die Produktion der Hinterradausführung, die sich bedeutend schlechter verkauft hatte als die Allradmaschine. In der seit 1991 angebotenen Form hatte der Farmer 309 LSA einen 92 PS starken Motor sowie ein Wendegetriebe mit 21 Gängen. Die Höchstgeschwindigkeit betrug bei dieser Ausführung exakt 37,8 km/h. Die letzte Überarbeitung des Modells erfolgte 1995. 1998 rollten die letzten Fahrzeuge vom Band.

Bauzeit	1984–1994
Motor-Bauart	Sechszylinder/Reihe
Hubraum in ccm	5200
Leistung (PS/min)	90/2300
Leergewicht in kg	4340
Antriebsart	Allrad
Getriebe	15/5 oder 18/6

Steyr-Diesel-Allradschlepper 8110

Das Steyr-Modell 8110 zählte zu den Traktoren der 80er-Reihe. Der Serienstart des mit einem Sechszylinder-Diesel ausgerüsteten, sowohl als Hinterrad- als auch als Allradschlepper angebotenen Typs erfolgte 1984. Die Allradausführung befand sich bis 1994 in der Produktion, während die Hinterradmaschine mangels zu geringer Nachfrage bereits 1987 wieder aus den Verkaufslisten verschwand. Das Steyr-Gruppenschaltgetriebe war serienmäßig mit 15 Vorwärts- und fünf Rückwärtsgängen ausgestattet und ließ eine Maximalgeschwindigkeit von 34,4 km/h zu. Auf Wunsch gab es auch andere Getriebevarianten, so die 18/6-Bauausführung unter Einschluss einer Kriechganggruppe. Serienmäßig waren die Motorzapfwelle und ein Regelhydraulik-Kraftheber mit Hubleistungen zwischen 4800 und 5900 kg. Auf Wunsch lieferbar waren eine Frontzapfwelle, ein Fronthubwerk mit 2200 kg Hubkraft, eine komfortabler ausgestattete Kabine und die elektronische Hubwerksregelung (EHR).

Bauzeit	1991–1995
Motor-Bauart	Vierzylinder/Reihe
Hubraum in ccm	4085
Leistung (PS/min)	90/2300
Leergewicht in kg	3780
Antriebsart	Allrad
Getriebe	18/6, 20/5 o. 24/6

Deutz-Diesel-Allradschlepper AgroPrima 4.56

Ende der 1980er Jahre begannen die Deutz-Werke das gesamte Traktorenprogramm zu erneuern. So erschienen 1989 die im Mittelklassebereich angesiedelten ersten beiden Mitglieder der neuen AgroPrima-Traktorenreihe. Es waren die Typen 4.31 mit 75 und 4.51 mit 82 PS, die mit Vierzylindermotoren ausgerüstet waren. 1991 folgten zwei weitere Modelle: der Vierzylinder AgroPrima 4.56 mit 90 PS und der Sechszylinderschlepper AgroPrima 6.06 mit 100 PS, der die Reihe zunächst nach oben hin abrundete. Bei diesem Fahrzeug standen für das Deutz-Getriebe TW 901 verschiedene Getriebevarianten zur Verfügung: Serienmäßig war das 18/6-Schaltwerk, das durch Superkriechgänge auf 24/6 Gänge aufgerüstet werden konnte. Daneben gab es auch eine 20/5-Variante. Der Traktor besaß eine hydrostatische ZF-Lenkung, Scheibenbremsen auf der Allradwelle und eine Sige-Fronttriebachse. Die Regelhydraulik war in der Lage, zwischen 3800 und 5200 kg zu heben.

Bauzeit	1982–1987
Motor-Bauart	Vierzylinder/Reihe
Hubraum in ccm	3782
Leistung (PS/min)	85/2400
Leergewicht in kg	4080
Antriebsart	Allrad
Getriebe	16/8 oder 16/12

Mercedes-Benz MB trac 900 Turbo

Gegen starke Konkurrenz auf dem westdeutschen Schleppermarkt war es Daimler-Benz gelungen, durch ständige Anpassung des Modell- und Zubehörprogramms an Boden zu gewinnen. So wurde im April 1979 der 10.000. MB trac gebaut. Nachdem man schon 1976 die ersten leistungsstarken Fahrzeuge der schweren Baureihe 442 vorgestellt hatte, wurde im September 1981 auf dem Bayerischen Zentrallandwirtschaftsfest (ZLF) in München als Aufstockung der leichten Reihe 440 das MB trac-Modell 900 der Öffentlichkeit vorgestellt. Unterscheidungsmerkmal waren die Rechteckscheinwerfer, die später auch für die Typen 700 und 800 erhältlich waren. Neu war auch eine aus dem Lkw-Bereich übernommene große Dachluke, die in verschiedenen Exportländern als Notausstieg vorgeschrieben war. Ab 1982 wurde das Modell vom Typ 900 Turbo abgelöst, der mit einem Vierzylindermotor mit Abgasturbolader ausgerüstet war.

Bauzeit	1983–1989
Motor-Bauart	Vierzylinder/Reihe
Hubraum in ccm	4085
Leistung (PS/min)	82/2300
Leergewicht in kg	3990
Antriebsart	Allrad
Getriebe	16/6 oder 20/6

Deutz-Diesel-Allradschlepper DX 4.51

Im Laufe der langen Bauzeit wurden an den DX-Traktoren zahlreiche Detailänderungen vorgenommen, was auch nach außen hin für die Kundschaft sichtbar zum Ausdruck kommen sollte. So erhielten die Fahrzeuge zum Ende des Jahres 1983 neue Typenbezeichnungen. Im Gegensatz zu den Sechszylindermodellen, bei denen auch einige Verbesserungen wirksam wurden, war es bei den drei Vierzylindermodellen lediglich eine Namensänderung, technisch blieb alles beim Alten. Der mit dem aufgeladenen Deutz-Diesel BF 4 L 913 T ausgerüstete DX 4.51 ersetzte somit das bisher als DX 86 bezeichnete Fahrzeug. Serienmäßig war der Schlepper mit dem 18/6-Gang-Vollsynchron-Gruppenschaltgetriebe TW 901, mit hydrostatischer Lenkung und der Sige-Allradvorderachse 4180 ausgestattet. Die Deutz-Hydraulik hatte eine Hubleistung von 3800 kg. Ferner war der Traktor mit der MasterCab ausgerüstet, die sich durch einen ebenen Kabinenboden und seitlich angeordnete Bedienelementen auszeichnete.

Bauzeit	1994–1997
Motor-Bauart	Vierzylinder/Reihe
Hubraum in ccm	4400
Leistung (PS/min)	82/2400
Leergewicht in kg	4604
Antriebsart	Allrad
Getriebe	16/8 oder 8/8

Case IH-Diesel-Allradschlepper 4230

Das sowohl mit Hinterrad- als auch mit Allradantrieb lieferbare Case IH-Modell 4230 entstand von 1994 bis 1997 im englischen International-Harvester-Werk Doncaster. Eine Kabine gehörte auf dem europäischen Markt zur Standardausstattung. War eine niedrigere Höhe erforderlich, konnte der 4230 anstelle der XL- mit einer LP-Kabine ausgerüstet werden, also einer niedrig bauenden „Low-Profile“-Kabine. In technischer Hinsicht war das Modell ein Nachfolger des Case IH 845 XL, dessen Motor vom Typ D-268 auch unter der Haube des 4230 arbeitete. Die Leistung wurde mit 82 PS angegeben. Als Getriebe standen eine 16/8-Ausführung und ein 8/8-Wendegetriebe zur Verfügung. Motorzapfwelle und Dreipunkt-Regelhydraulik-Kraftheber mit 1700 kg Hubvermögen waren bei diesem für mittlere, aber auch für größere Betriebe vorgesehenen Universalschlepper serienmäßig. Noch kurz vor Ende seiner Bauzeit erhielt das Fahrzeug einen größeren Kraftstofftank.

Bauzeit	1988–2002
Motor-Bauart	Dreizylinder/Reihe
Hubraum in ccm	4086
Leistung (PS/min)	80/2400
Leergewicht in kg	2770
Antriebsart	Allrad
Getriebe	20/6

Fendt-Diesel-Schmalspur-Allradschlepper Farmer 280 PA

Das Farmer-Modell 280 P der Fendt-Werke war ein Spezialtraktor für den Obst- und den Hopfenbau. Er wurde in der Hinterradausführung von 1988 bis 2001 hergestellt. Die Allradversion 280 PA blieb bis 2002 im Programm. Während vom Hinterradschlepper lediglich 209 Fahrzeuge einen Abnehmer fanden, war die Allradausführung mit 2835 Exemplaren ungleich erfolgreicher. Dies war ein sicheres Zeichen dafür, dass auch bei stärkeren Spezialtraktoren der Vierradantrieb bevorzugt wurde. Von besonderer Bedeutung bei dem Spezialtraktor war die kompakte Bauweise. Die Breite betrug 1666 Millimetern. Damit war er um fast 22 Zentimeter schmaler als der Standardtraktor Farmer 280. Ein Wendekreis von 360 Zentimetern bei der Hinterradversion und von 364 Zentimetern bei der vierradgetriebenen Ausführung ermöglichte das handliche Navigieren unter den beengten Verhältnissen in den Plantagen. Abgesehen von der geringeren Größe unterschied sich das Fahrzeug nur wenig vom entsprechenden Standardtraktor.

Bauzeit	1988–1991
Motor-Bauart	Vierzylinder/Reihe
Hubraum in ccm	4390
Leistung (PS/min)	80/2070
Leergewicht in kg	3420
Antriebsart	Hinterrad
Getriebe	16/8

Ford-Dieselschlepper 6410

Das Ford-Modell 6410 kam 1988 als Mitglied der 10er-Baureihe auf den Markt. Es war ein handlicher Traktor, der in erster Linie als Universalfahrzeug für mittelgroße landwirtschaftliche Betriebe Verwendung finden sollte. Neben der Hinterradausführung war dieses Traktormodell auch als Allradschlepper erhältlich. Den Antrieb übernahm jeweils ein wassergekühlter Vierzylinder-Direkteinspritz-Dieselmotor mit 4390 ccm Hubraum und einer Leistung von 80 PS bei 2070 Touren. Das Leergewicht des Hinterradschleppers betrug 3420 kg, während die vierradgetriebene Ausführung es auf 3810 kg brachte. Beide Fahrzeuge waren mit einer hydrostatischen Lenkung ausgestattet. Das vollsynchronisierte Gruppenschaltgetriebe war mit 16 Vorwärts- und acht Rückwärtsgängen sehr gut abgestuft und für eine Maximalgeschwindigkeit von 28,9 km/h ausgelegt. Der serienmäßig installierte Dreipunkt-Regelhydraulikkraftheber verfügte über 2600 kg Hubvermögen. Ebenso gehörten die Motorzapfwelle und eine geräumige Kabine zum Mindestlieferumfang.

Bauzeit	1983–1992
Motor-Bauart	Vierzylinder/Reihe
Hubraum in ccm	3500
Leistung (PS/min)	80/2200
Leergewicht in kg	3470
Antriebsart	Allrad
Getriebe	16/8

Steyr-Diesel-Allradschlepper 8090 Turbo

Die Steyr-Werke sind ein bedeutendster österreichischer Traktorproduzent. Dieser seit dem Jahr 1935 durch Fusion mit anderen Unternehmen als Steyr-Daimler-Puch AG firmierende Hersteller stieg 1947 mit großem Erfolg in die Traktorbranche ein. Seit Ende der 1960er Jahre wurden die Traktoren dieser Marke in einer ansprechenden rot-weißen Lackierung ausgeliefert. Zu den bekanntesten Schlepperserien neuerer Produktion gehört die 80er-Serie, für die der Startschuss bereits gegen Ende der 1970er Jahre gegeben wurde. Der hier abgebildete Typ 8090 fand sich zwischen 1983 und 1992 im Programm. Angetrieben wurde der Schlepper von einem wassergekühlten Direkteinspritz-Dieselmotor aus eigener Produktion. Mit vier Zylindern, dem Turbolader und einem Hubraum von 3,5 Litern leistete er 80 PS. Der Typ 8090 war sowohl mit Hinterrad- als auch mit Allradantrieb verfügbar. Das 18/6-Synchron-Gruppengetriebe war mit einer Kriechganggruppe ausgeführt und machte das Fahrzeug 37 km/h schnell.

Bauzeit	1983–1989
Motor-Bauart	Vierzylinder/Reihe
Hubraum in ccm	4095
Leistung (PS/min)	75/2300
Leergewicht in kg	3920
Antriebsart	Allrad
Getriebe	18/6 oder 24/6

Deutz-Diesel-Allradschlepper DX 4.31

1978 ging bei den Kölner Deutz-Werken die neue Traktorfamilie DX an den Start, die ab den Modellen D 8006 die Typenreihe 06 ablöste. Die erstmals zum Teil mit Fünfzylindermotoren ausgerüsteten Fahrzeuge stellten weitgehende Neukonstruktionen dar. Die im Leistungsbereich ab 75 PS angesiedelten Traktormodelle waren nicht nur formal, sondern auch technisch sehr fortschrittliche Fahrzeuge, die wiederum mit den bewährten luftgekühlten, teilweise mit Aufladung versehenen Antriebsaggregaten aus der Deutz-Motorenreihe FL 912 und FL 913 bestückt waren. Bedeutende Neuerungen gab es an den Getrieben und an der Kabine, beim Allradantrieb und beim Kraftheber. Das in einer Hinterrad- und einer Allradausführung angebotene Modell DX 4.30 war mit 75 PS ein Fahrzeug der verbesserten Baureihe DX 4, das Ende 1983 durch Umbenennung des DX 80 entstand. Ab 1986 kam eine neue Lackierkombination mit schwarz-blauer Kabine und grünen Kotflügeln auf den Markt.

Bauzeit	1990–1995
Motor-Bauart	Vierzylinder/Reihe
Hubraum in ccm	4086
Leistung (PS/min)	75/2300
Leergewicht in kg	2270
Antriebsart	Allrad
Getriebe	20/6

Fendt-Diesel-Schmalspur-Allradschlepper Farmer 275 SA

Fendt war einer der bedeutenden Hersteller großer und leistungsstarker Schlepper, errang aber auch mit Spezial- und Schmalspurtraktoren europaweit eine führende Position. Im Wein- und im Obstbau eingesetzt wurde das Modell Farmer 275 mit 75 PS, das mit einem bis 35 km/h Höchstgeschwindigkeit ausgelegten 20/6-Gang-Vollsynchron-Gruppengetriebe bestückt war. In dieses Schaltwerk war eine Kriechganggruppe integriert. Als Antriebsaggregat wurde ein luftgekühlter Vierzylinder-Direkteinspritz-Dieselmotor von Deutz verwendet. Das auch als Hinterradmaschine angebotene, aber mit nur 87 verkauften Einheiten kaum nachgefragte Modell besaß eine Motorzapfwelle mit zwei Geschwindigkeiten, die auf Wunsch um eine Frontzapfwelle ergänzt werden konnte. Die mit Unterlenkerregelung funktionierende Fendt-Regelhydraulik erzeugte eine Hubkraft von 2470 kg. Vom Allradschlepper fanden 1122 Exemplare einen Besitzer.

Kapitel 6 (1995 bis heute)

Mit Traktoren der Superlative ins neue Jahrtausend

Um die Jahrtausendwende hatte sich der Trend zur weltweiten Konzentration manifestiert. Der globale Markt wird heute von einigen wenigen Großkonzernen beherrscht. An erster Stelle steht John Deere – übrigens der einzige Großhersteller der Branche, der sich durch Zielstrebigkeit und vorausschauende, solide Produktpolitik seine Unabhängigkeit unter dem Zeichen des springenden Hirsches bis heute bewahrt hat. Während andere Großhersteller aufgeben oder, wie der einstige Hauptkonkurrent International Harvester, durch Unwägbarkeiten des Weltmarktes wie durch Managementfehler nach Fusion die Selbständigkeit verlieren, beherrscht John Deere allein mehr als die Hälfte des US- amerikanischen Traktoren- und Landmaschinenmarkts. Heute beschäftigt der Hersteller weltweit mehr als 60.000 Menschen. Größten Fabriken sind das Traktorenwerk in Waterloo im US-Bundessstaat Iowa und das ehemalige Lanz-Werk in Mannheim.

An zweiter Stelle steht Case New Holland (CNH). Das Fiat-Tochterunternehmen entstand 1999 aus der Fusion von Case IH mit New Holland, der Nachfolgemarke der Ford- und Fiat-Traktoren. Das Unternehmen hat etwa 30.000 Mitarbeiter und umfasst außerdem Steyr. Der Name Steiger, einst Hersteller von Großtraktoren, taucht noch in den Typenbezeichnungen der obersten Leistungsklasse auf. Wichtigste CNH-Standorte sind das frühere Steyr-Werk in Sankt Valentin, das Werk Basildon in England und Racine in den USA.

Das erst seit 1990 existierende Unternehmen AGCO erlebte einen rasanten Aufstieg. Die Expansion gelang ausschließlich durch Übernahme von Mitbewerbern oder in wirtschaftliche Schwierigkeiten geratenen Unternehmen. Derzeit steht AGCO weltweit auf dem dritten Platz in der Landtechnikbranche. Mittlerweile gehören die Marken Massey Ferguson, Valtra, Challenger und Fendt dazu. Die Übernahme von Fendt war 1997 ein besonders ergiebiger Fang. Das Unternehmen ist Premium-Hersteller im AGCO-Verbund. Challenger, Produzent der gelben Traktoren der früheren Marke Caterpillar, gehört seit 2002 dazu. Wichtigste Produktionsstätten sind das Fendt-Werk in Marktoberdorf und das Massey Ferguson-Werk im französischen Beauvais.

Nummer vier ist Same Deutz-Fahr. Zum Unternehmen gehören Same, Lamborghini, Hürlimann und als wichtigste Marke Deutz-Fahr. Die größten Werke finden sich im bayerischen Lauingen, wo die Deutz-Fahr-Traktoren gefertigt werden, und in Treviglio in Italien, wo Same, Lamborghini und Hürlimann-Schlepper von den Fertigungsstraßen rollen.

Nicht unerwähnt bleiben soll Claas in Harsewinkel, bedeutendster Mähdrescherfabrikant. Nach der Übernahme von Renault Agriculture im Jahr 2003 hat sich Claas auch in der Traktorenfertigung ein wichtiges Standbein geschaffen. Claas-Schlepper werden vor allem im französischen Le Mans gebaut.

Die technische Entwicklung ist im 21. Jahrhundert nicht stehen geblieben. Die modernen Fahrzeuge haben vielfach mit Abgas-Turboladern ausgestatteten Vier-, überwiegend aber Sechszylindermotoren. Selbst die kleinsten Maschinen weisen PS-Zahlen auf, wie man sie vor 50 Jahren nur von Fahrzeugen der oberen Mittel- und der Oberklasse her kannte. Auch auf Verbrauch und Schadstoffausstoß wird großer Wert gelegt. Neue Richtlinien verlangen immer umweltfreundlichere Motoren. Angesichts ständig steigender Kraftstoffpreise übten auch die Landwirte Druck auf die Hersteller aus, die Verbrauchswerte zu senken. Die heutigen Traktoren sind üppig mit Elektronik und Hightech vollgestopfte Maschinen, die mit 40 oder mehr unter Last schaltbaren Gängen oder stufenlos arbeitenden Vario-Getrieben ausgestattet sind. Die Durchschnittsleistung der Traktoren in Deutschland liegt derzeit bei rund 130 PS. Exemplare in Großbetrieben und Lohnunternehmen haben bis zu 300 PS und mehr. Mehr als verdoppelt hat sich in den vergangenen Jahrzehnten die zur Abwicklung schneller Straßentransporte wichtige Fahrgeschwindigkeit. Sie beträgt größtenteils bereits 50 km/h – Tendenz steigend. Allradantrieb ist Standard, und es gibt Kraftheber mit bis zu zehn Tonnen Hubvermögen.

Getauft haben die Marketingleute die neue Technik mit Namen wie PowrQuad, Powershuttle, Quad Range, Powershift, Electroshift, Terra Glide, Common-Rail oder Variotronic. Elektronik, Computertechnik, Satellitennavigation und eine übergroße, von der Elektronik vorgegebene Informationsfülle haben in der Schleppertechnik längst die Herrschaft übernommen. Die Entwicklungskosten sind derart stark gestiegen, dass selbst Großunternehmen kaum in der Lage sind, sie allein aufzubringen. Auch deshalb haben sich die wenigen noch existierenden Mitbewerber weltweit zusammengeschlossen, um mit vorhandenes Potenzial optimal nutzen und die Kosten besser verteilen zu können. Ob es also bei fünf Konzernen bleiben wird, die sich derzeit den Markt teilen, wird erst die Zukunft zeigen.

Fendt Diesel-Allradschlepper Vario 718 TMS

1995 war der Fendt-Stand Mittelpunkt des Interesses bei der internationalen Fachmesse Agritechnica in Hannover. Grund für die Aufregung war der ersten Favorit Vario. Mit diesem Fahrzeug präsentierten die Fendt-Werke als weltweit erster Traktorenhersteller einen Großschlepper mit unter Last stufenlos schaltendem Vario-Getriebe. Es war den Fendt-Konstrukteuren gelungen, den Wirkungsgrad eines Lastschaltgetriebes mit den Vorteilen eines stufenlosen Fahrantriebes zu kombinieren. Zwei Jahre später baute Fendt die 900er-Vario-Baureihe mit weiteren Großtraktoren aus. Zu den überarbeiteten Modellen zählte der Schlepper Vario 718 TMS, der von einem aufgeladenen Sechszylindermotor mit 180 PS angetrieben wurde.

MT 975B
Challenger

Caterpillar Challenger-Knicklenker-Allradschlepper MT 975 B

Der US-amerikanische Unternehmen Caterpillar war Spezialist für Kettenfahrzeuge und im Jahr 1925 durch Fusion der beiden konkurrierenden Hersteller Best und Holt entstanden. Seither verkaufte man auch landwirtschaftliche Kettenschlepper, deren Absatz aber immer mehr zurückging. Die diesen Fahrzeugen anhaftenden Nachteile – hoher Anschaffungspreis, geringe Geschwindigkeit, sehr eingeschränkte Einsatzmöglichkeiten und hoher Wartungsaufwand – traten immer stärker hervor, als sich der Allradantrieb im Traktorbereich durchzusetzen begann. In Extremsituationen konnte ein vierradgetriebener Schlepper zwar nicht mit einem Kettenschlepper gleichziehen, kam den Leistungen aber recht nahe. Vor allem aber behielt er in Sachen Geschwindigkeit, weites Einsatz- und Verwendungsspektrum und nicht zuletzt Komfort die Nase vorn. Dem hatten Kettenschlepper nichts entgegenzusetzen. Caterpillar musste in Technologie und Produktstrategie eine neue Marschrichtung finden und stand vor einem Dilemma. Vor die entscheidende Frage gestellt, den Bau von Knicklenker-Großtraktoren aufzunehmen, entschloss man sich dann aber angesichts der umfassenden Kenntnisse auf dem Sektor der Kettenfahrzeuge die bestehende Marktnische im angestammten Metier auszunutzen und eine Konstruktion anzubieten, die es woanders nicht gab. 1987 stellte man mit den Challenger-Großtraktoren das Mobil-Trac-System vor, das die Vorzüge von Rädern und Ketten miteinander verbinden sollte. Das Geheimnis bestand darin, dass als Laufwerk jetzt ein überbreites, mit Stahl verstärktes Gummigleisband verwendet wurde. Dieses System minimierte nicht nur den Bodendruck, sondern erlaubte auch das Befahren öffentlicher Straßen mit den Geschwindigkeiten eines Radtraktors. Im Jahr 2002 ging das Unternehmen in den Besitz des AGCO-Konzerns über. Unter dem Dach dieses großen Landtechnikspezialisten wurde die Marke Challenger ausgebaut. Zu den Gleisbandtraktoren gesellten sich jetzt schwere Radtraktoren, Mähdrescher und Landmaschinen. Zu den überschweren Radschleppern gehörte die Baureihe MT 900 B. Sie waren meist mit Doppel-, manchmal auch mit Dreifachbereifung ausgeführt. Um trotz der der gleichgroßen Räder an Vorder- und Hinterachsen steuern zu können, aber auch um den Wendekreis in einem erträglichen Rahmen zu halten, war eine Knicklenkung erforderlich. Die Reihe wurde 2007 vorgestellt und in Jackson im US-Bundesstaat Minnesota montiert. Es handelte sich um vier Modelle mit Motorleistungen zwischen 430 und 570 PS. Der mit 24 Ventilen ausgestattete Sechszylinder-Turbodieselmotor des Spitzenmodells MT 975 B erreichte sogar eine Höchstleistung von 615 PS. Der Kraftübertragung diente ein 16/4-Gang Powershift-Getriebe. Dieser Gigant besaß ein zulässiges Gesamtgewicht von mehr als 27 Tonnen und wies folgende Abmessungen auf: Länge 7560, Breite 5080 und Höhe 3830 mm. Der Radstand betrug 3940 mm, der Tankinhalt 1500 l, die Reifen hatten die Größe 800/70 R 38. Für die vergleichsweise kleinparzellierten Ackerflächen in Westeuropa waren das völlig unbekannte Dimensionen.

Bauzeit	2007–2009
Motor-Bauart	Sechszylinder/Reihe
Hubraum in ccm	18.100
Leistung (PS/min)	570/2100
Leergewicht in kg	27.216
Antriebsart	Allrad
Getriebe	16/4

John Deere-Diesel-Allradschlepper 9630

Im Jahr 2007 präsentierte der US-amerikanische Landmaschinenkonzern Deere &Company die aus fünf Modellen bestehende Großschlepper-Reihe 9030. Neben besonderer Wirtschaftlichkeit und Effizienz gehörten leichte Bedienung und gehobener Komfort zu den wichtigsten Anforderungen an die Konstrukteure. Sie entwarfen eine als „Command-View" bezeichnete, noch geräuschärmere und bedienerfreundlichere Kabine mit verbesserten Platzverhältnissen und weiter optimierter Rundumsicht. Ein optimales Lüftungssystem mit Klimaanlage ließ den Schlepperfahrer auf seinem luftgefederten Komfort- oder ActiveSeat einen langen Arbeitstag weitaus besser ertragen als seinen Kollegen 60 Jahre zuvor auf der schlichten Schwingsitzmulde. Zwischen diesen Technologien lagen Welten! Bedienung und Informationsübermittlung waren von Computerprogrammen gesteuert und an Displays abzulesen. Beim Spitzenmodell 9630 sorgte ein neu entwickelter, mit einem Turbolader ausgestatteter PowerTech Plus-Diesel mit 543 PS nicht nur für ausreichend Kraft zur Fortbewegung und zum Betrieb auch unter ungünstigen Einsatzverhältnissen. Werksseitig wird für den 9630 sogar eine Maximalleistung von 597 PS angegeben. Durch Einsatz einer neuartigen Vierventiltechnik und weiterer Verbesserungen war es nicht nur gelungen, die Zugkraft bei niedriger Drehzahl nochmals zu optimieren, sondern auch Verbrauch und Motorbelastung zu senken. In den 9630 kommt ein für eine Maximalgeschwindigkeit von 40 km/h ausgelegtes 18-Speed Automatic Powershift-Getriebe zum Einsatz. Die Antriebsachsen haben völlig neue, doppelt untersetzte Planetengetriebe. Mit einer Länge von knapp sieben Metern ist der John Deere 9630 ein echter Ackergigant der Superlative.

Bauzeit	**seit 2007**
Motor-Bauart	**Sechszylinder/Reihe**
Hubraum in ccm	**13.500**
Leistung (PS/min)	**543/2100**
Leergewicht in kg	**25.854**
Antriebsart	**Allrad**
Getriebe	**18/6**

New Holland-Diesel-Knicklenker-Allradschlepper T 9060

Im Jahr 2007 stellte die Firma New Holland – ein Tochterunternehmen der Fiat-Gruppe – die Knicklenker-Großtraktoren der Reihe T 9000 vor. Sie repräsentierten die oberste Klasse im Angebot des Unternehmens und sind ausschließlich für den Einsatz mit Gerätekombinationen auf großflächigen Anbauflächen konzipiert. Sie finden vor allem in überseeischen Ländern, nicht jedoch in Westeuropa, Verwendung. Die Produktion dieser Ackergiganten erfolgt im CNH-Werk in Fargo im US-Bundesstaat North Dakota. In jenem Werk wurden früher die Steiger-Traktoren hergestellt, heute sind es die größten Case-IH-Schlepper. Die T 9000-Traktoren entsprechen im Großen und Ganzen denen der unter IH-Regie gebauten großen Steiger-Baureihe. Unterschiede finden sich in Design, Ausstattung und Lackierung. Fahrzeuge mit Gummilaufwerken werden von New Holland nicht angeboten. Die T 9000-Reihe setzt sich aus fünf Traktoren von 335 bis 535 PS Motorleistung zusammen. Der Typ 9060, das stärkste Modell, wird von einem mit Aufladung und Ladeluftkühlung ausgestatteten Sechszylinder-Cummins-Diesel angetrieben. Das riesenhafte Fahrzeug besitzt serienmäßig ein automatisches, für eine Höchstgeschwindigkeit von 34 km/h ausgelegtes 16/2-Powershift-Getriebe, das auf Wunsch auch in einer 24/6-Variante mit Kriechgeschwindigkeiten erhältlich ist. Die Heckhydraulik dieses doppeltbereiften Knicklenker-Großschleppers ist in der Lage, 9000 kg zu bewältigen.

Bauzeit	2007–2010
Motor-Bauart	Sechszylinder/Reihe
Hubraum in ccm	15.000
Leistung (PS/min)	535/2100
Leergewicht in kg	24.500
Antriebsart	Allrad
Getriebe	16/2

John Deere-Diesel-Allradschlepper 9530

Das John Deere-Traktormodell 9530 war das zweitstärkste Fahrzeug in der 2007 vorgestellten neuen 9030er-Großschlepperfamilie. Diese hauptsächlich für die weitläufigen Anbauflächen in den Vereinigten Staaten und in anderen überseeischen Ländern vorgesehenen Traktoren wurden am Deere & Company-Standort Waterloo im US-Bundesstaat Iowa gefertigt. Die knapp sieben Meter langen, bis zu 4400 mm breiten Ackerkolosse dieser John Deere-Generation bieten die allerbesten Voraussetzungen zur Bearbeitung großer Flächen. Es sind veritable Giganten, die – mit allen neuesten zur Verfügung stehenden technischen Innovationen versehen – natürlich auch ihren Preis haben. So kostet ein zwillingsbereifter 9530 in der Grundausrüstung einschließlich des neuen Zugpendels der Kategorie 5 für besonders schwere oder extrem breite Arbeitsgeräte umgerechnet mehr als 330.000 €. Um das Nachtanken während eines Arbeitstages und damit unnötige Unterbrechungen zu verhindern, war das Fahrzeug mit einem 1325-Liter-Kraftstofftank ausgerüstet. Das Fassungsvermögen war bei einem durchschnittlichen Verbrauch von mehr als 70 Litern pro Stunde auf dem Acker auch erforderlich. Bei Straßenfahrten fließen rund 25 Liter weniger durch die Einspritzpumpe.

Bauzeit	seit 2007
Motor-Bauart	Sechszylinder/Reihe
Hubraum in ccm	13.500
Leistung (PS/min)	491/2100
Leergewicht in kg	18.100
Antriebsart	Allrad
Getriebe	18/6

Case-IH-Steiger Gleisketten-Knicklenkerschlepper Quadtrac 385

Nach der Übernahme der Firma Steiger durch Case IH wurde das bisher charakteristische Limonengrün durch das IH-Rot ersetzt. Der Name Steiger verschwand für eine Weile, wurde dann aber als Markenzeichen für die Großschlepper innerhalb des Case-Sortiments wieder eingeführt. Seit der Öffnung des Eisernen Vorhangs ist die Verbreitung der im Steiger-Werk Fargo gefertigten Großtraktoren nicht mehr auf die nordamerikanische Landwirtschaft beschränkt. Immer mehr kommen auch auf den großen Anbauflächen Osteuropas zum Einsatz. Vermehrt werden diese Fahrzeuge der obersten Leistungsklasse auch in der westeuropäischen Landwirtschaft, besonders bei Lohnunternehmen, eingesetzt. Seit 2008 bietet Case IH das mit einem Sechszylinder-Iveco-Diesel mit Turboaufladung und Ladeluftkühlung ausgerüstete Steiger-Modell 385 sowohl als Radschlepper als auch in einer mit Vierbandlaufwerken ausgerüsteten Quadtrac-Version an. Dank der Knicklenkerausführung sind es trotz der ungewöhnlichen Größe überraschend wendige Fahrzeuge, die mit einem Radius von 5700 mm auskommen. Die technische Ausrüstung mit einer Hochleistungshydraulik mit 9000 kg Hubvermögen, dem 16/2-Gang-Powershift-Getriebe und der hydrostatischen Lenkung kann sich in jeder Beziehung sehen lassen. Nicht anders die geräumige und komfortable Kabine dieses Großtraktors: Zur Wahl stehen die Ausführungen Deluxe und Luxury, wobei sich letztere durch eine exklusive Lederausstattung auszeichnet. Beiden Varianten gemein sind große Fensterflächen, Klimaautomatik und ein ergonomisch geformter schonender Sitzplatz mit spezieller Lendenwirbelstütze.

Bauzeit	2008–2010
Motor-Bauart	Sechszylinder/Reihe
Hubraum in ccm	12.900
Leistung (PS/min)	394/2000
Leergewicht in kg	26.308
Antriebsart	Allrad
Getriebe	16/2

Bauzeit	seit 2011
Motor-Bauart	Sechszylinder/Reihe
Hubraum in ccm	8710
Leistung (PS/min)	367/1800
Leergewicht in kg	18.000
Antriebsart	Allrad
Getriebe	stufenlos

Claas Axion 950

Der in Harsewinkel ansässige Traktoren- und Erntemaschinenhersteller Claas war nach Kriegsende vor allem mit Mähdreschern und Feldhäckslern zu einem der bedeutendsten Hersteller in diesen Marktsegmenten aufgestiegen, wobei der Export immer größere Ausmaße annahm. Mit der Modellreihe AXION 900 bietet das nordrhein-westfälische Familienunternehmen seit 2011 modernste Großtraktoren mit enormer Zugkraft an. Angetrieben wird der 18 Tonnen schwere Axion 950 von einem 6-Zylinder-FPT-(Fiat Power Train)-Cursor-9-Motor mit 8,7 Litern Hubraum, der dank modernster Common-Rail-4-Ventil-Technologie, Ladeluftkühlung und einem Turbolader 367 PS liefert. Das stufenlose Getriebe beschleunigt den je nach Ausstattung bis zu 305.000 Euro teuren Allradschlepper auf 50 km/h.

Bauzeit	seit 2006
Motor-Bauart	Sechszylinder/Reihe
Hubraum in ccm	7142
Leistung (PS/min)	360/2200
Leergewicht in kg	10.360
Antriebsart	Allrad
Getriebe	stufenlos

Fendt-Diesel-Allradschlepper 936 Vario TMS

Der Fendt-Großtraktor 936 Vario TMS (das Kürzel steht für „Traktor-Management-System") wurde 2005 auf der Agritechnica in Hannover vorgestellt und ging im Jahr darauf in Serie. Bis zur Vorstellung des noch stärkeren Modells 939 galt dieses 360-PS-Modell als stärkster Standardtraktor überhaupt und mit 60 km/h Höchstgeschwindigkeit auch als schnellster. Seit 2007 verwendet Fendt für den mit stufenlosem Getriebe ausgestatteten Großschlepper einen wassergekühlten Sechszylinder-Deutz-Motor mit mechanischer Einspritzung und Vierventiltechnik, der überdies über Turboaufladung, Ladeluftkühlung, die elektronische Lüftersteuerung Visctronic, elektronische Motorregelung und externe Abgasrückführung verfügt. Überaus leistungsstark und der besonderen Größe dieser Maschine angemessen sind Hydrauliksystem und Kraftheber. Während die Heckhydraulik in der Lage ist, bis zu 12.000 kg zu stemmen, entwickelt der Frontkraftheber knapp 5700 kg Hubvermögen. Die vollklimatisierte Komfortkabine ist mit getönten Scheiben ausgerüstet und bietet hervorragende Rundumsicht.

Bauzeit	2006–2009
Motor-Bauart	Sechszylinder/Reihe
Hubraum in ccm	9000
Leistung (PS/min)	355/2100
Leergewicht in kg	11.406
Antriebsart	Allrad
Getriebe	16/4

John Deere-Diesel-Allradschlepper 8330

Die im Jahr 2006 vorgestellte und am John Deere-Standort Waterloo in den USA produzierte 8030er-Großtraktorenreihe bestand aus fünf überschweren Radtraktoren, mit denen der Leistungsbereich von 225 bis 330 PS abgedeckt wurde. Durch Verwendung des intelligenten Power-Managements erhöhte sich die Leistung der Sechszylinder-Power-Tech-Motoren auf 250 bis 355 Pferdestärken. Diese Aggregate entsprachen mit dem CommonRail-Einspritzsystem, der Vierventiltechnik, einem variablen Turbolader mit Ladeluftkühlung, externer Abgasrückführung sowie dem Kühlsystem VariCool den allerneuesten technischen Standards. Bei diesen Fahrzeugen standen zwei Getriebe zur Auswahl: die vollautomatische 16/4-Gang-Powershift-Variante und das stufenlose AutoPowr-Getriebe. Die Modelle gab es in einer Radtraktor-Variante und als Gleiskettenschlepper.

Bauzeit	2005–2008
Motor-Bauart	Sechszylinder/Reihe
Hubraum in ccm	8800
Leistung (PS/min)	330/2100
Leergewicht in kg	14.095
Antriebsart	Allrad
Getriebe	16/4

Challenger-Gleiskettentraktor MT 765 B

Die von der Firma Caterpillar in Jackson im US-Bundesstaat Minnesota gefertigten „Agricultural Crawler-Tractors", die so genannten Gleiskettentraktoren, waren für besonders schwierige und großflächige Einsatzverhältnisse konzipierte, leistungsstarke Fahrzeuge. Die herausragenden Eigenschaften dieses ungewöhnlichen Konzepts bestanden aus einer Verbindung der eigentlich völlig gegensätzlichen Eigenschaften von Radtraktor und klassischem Kettenschlepper. So ließ sich der mit stahlverstärkten Gummilaufbändern ausgerüstete Gleiskettenschlepper mit der annähernden Geschwindigkeit eines Radtraktors auch auf der Straße bewegen, ohne deren Belag zu beschädigen. Die außerordentlich gute Geländefähigkeit blieb dem Fahrzeug dadurch erhalten. Das Challenger-Modell MT 765 B wurde im Jahr 2005 vorgestellt. Es gehörte zu einer neuen Gleiskettenschlepperreihe, mit denen der Hersteller in die obersten Leistungsbereiche vorstieß. Die 7300 kg Hubkraft entwickelnde Hydraulik war der Größe des Fahrzeugs angemessen.

Bauzeit	2006–2010
Motor-Bauart	Sechszylinder/Reihe
Hubraum in ccm	8900
Leistung (PS/min)	309/2000
Leergewicht in kg	15.157
Antriebsart	Allrad
Getriebe	18/4

Case IH-Diesel-Allradschlepper Magnum 310

Die neue Case IH-Magnum-Schlepperreihe wurde seit 2006 verkauft. Es handelte sich um die Modelle 225, 250, 380 und 310, deren Nennleistung 224, 252, 279 und 309 PS betrug. Die mit den fortschrittlichen Antriebsaggregaten erzielbare Höchstleistung lag im Bereich von 257 bis 345 PS. Die in Racine hergestellten Oberklassetraktoren der Magnum-Reihe erreichten trotz ihrer Baugröße einen außergewöhnlich geringen Wenderadius von nur 4,80 Metern. Die taillierte Form der Motorhaube und ein Lenkeinschlag von bis zu 55 Grad sorgen für die große Wendigkeit. Alle Magnum-Modelle besitzen Sechszylindermotoren von Cummins mit CommonRail-Technik, elektronischer Steuerung, 24-Ventil-Technik, Wastegate-Turboladern und Ladeluftkühlung. Der 682 Liter fassende Kraftstofftank setzt das Fahrzeug in die Lage, einen ganzen Tag lang arbeiten zu können, ohne nachtanken zu müssen. Die Fahrerkabine, besonders die Deluxe-Ausführung, ist mit jedem Komfort ausgestattet.

Bauzeit	1996–1998
Motor-Bauart	Sechszylinder/Reihe
Hubraum in ccm	7200
Leistung (PS/min)	270/2100
Leergewicht in kg	11.793
Antriebsart	Allrad
Getriebe	16/9

Claas-Challenger-Gleisbandschlepper Typ 55

1994 begann sich der Harsewinkeler Claas-Landmaschinenkonzern erneut in der Traktorbranche zu engagieren. Die drei Challenger-Modelle 35, 45 und 55 waren sowohl als Radtraktoren als auch in der Ausführung als Gleiskettenschlepper lieferbar. Claas ließ diese Fahrzeuge zur besseren Unterscheidung und Abgrenzung weiß und saatgrün lackieren. Diese Fahrzeuge zählten auch im internationalen Vergleich ganz eindeutig zu den Traktoren der Oberklasse. Ausgerüstet waren sie mit Sechszylindermotoren, die mit Aufladung und Ladeluftkühlung, mit 24-Ventiltechnik und einem elektrohydraulisch gesteuerten Caterpillar-16/9-Gang-Volllastschaltgetriebe für 40 km/h Maximalgeschwindigkeit versehen waren. Ein Tractor Management Center steuerte, überprüfte und koordinierte laufend die Systemkomponenten des Fahrzeugs.

Bauzeit	2004–2008
Motor-Bauart	Sechszylinder/Reihe
Hubraum in ccm	7368
Leistung (PS/min)	235/2200
Leergewicht in kg	8680
Antriebsart	Allrad
Getriebe	stufenlos

Massey Ferguson Diesel-Allradschlepper MF 8460

Die zwischen 2004 und 2008 gefertigte Massey Ferguson-Traktorenreihe stellte im Verkaufsprogramm dieses Herstellers die oberste Leistungsklasse dar. Eine wesentliche Verbesserung gegenüber den Vorgängern, der Reihe 8200-Xtra, war zweifelsohne das stufenlose Getriebe Dyna-VT, das bereits in der 7400er-Reihe zum Einsatz gekommen war. Die Baukomponenten der 8400-Schlepperfamilie wurden an verschiedenen Standorten gefertigt. Während die Endmontage im französischen Beauvais erfolgte, kamen Hinterachsen und das Getriebe von den Fendt-Werken aus Marktoberdorf, die bereits seit längerer Zeit große Erfahrungen mit stufenlosen Triebwerken gesammelt hatten. Die Motoren steuerte der finnische Hersteller Sisu bei, der – wie die übrigen Zulieferer – ebenfalls dem AGCO-Konzern angehörte. Die mit Turboaufladung und Ladeluftkühlung ausgerüsteten Sechszylindermotoren hatten dank elektronischer Motorregelung einen niedrigen Kraftstoffverbrauch. Die Höchstgeschwindigkeit erhöhte sich von 40 auf 50 km/h.

Bauzeit	1995–1999
Motor-Bauart	Sechszylinder/Reihe
Hubraum in ccm	7600
Leistung (PS/min)	230/2200
Leergewicht in kg	8585
Antriebsart	Allrad
Getriebe	16/4

John Deere-Diesel-Allradschlepper 8200

Die ersten Modelle der 8000-Reihe von John Deere rollten ab 1994 von den Fertigungsbändern des US-amerikanischen Werks in Waterloo. 1995 kam das mit einem Sechszylinder-Turbodieselmotor ausgerüstete Modell 8200 hinzu, sodass die Reihe auf nunmehr vier Fahrzeuge angewachsen war. Das stärkste Fahrzeug war der Typ 8400 mit 260 PS und 8100 ccm Hubraum. Es waren typische Großschlepper für die weitläufigen Anbauflächen in Amerika, aber auch nach der Grenzöffnung für Länder in Osteuropa. Für westeuropäische Verhältnisse waren die Fahrzeuge zu groß. Allenfalls für Lohnunternehmer, die mit sehr großen Maschinen arbeiten, waren sie interessant. Der oftmals mit zwillingsbereiften Hinterrädern ausgerüstete Typ 8200 hatte ein 16/4-Powershift-Getriebe, das den Geschwindigkeitsbereich von 2,2 bis 34 km/h abdeckte. Die Hydraulik am Heck war in der Lage, 6500 kg anzuheben.

Bauzeit	seit 2007
Motor-Bauart	Sechszylinder/Reihe
Hubraum in ccm	6728
Leistung (PS/min)	225/2200
Leergewicht in kg	7204
Antriebsart	Allrad
Getriebe	32/24

McCormick-Diesel-Allradschlepper TTX 230

Die aus drei Schleppermodellen bestehende TTX-Traktorenreihe von McCormick wurde im Jahr 2007 vorgestellt. Flaggschiff ist der TTX 230. Der Sechszylinder-BetaPower-Diesel funktioniert mit einem Hochdruck-CommonRail-Einspritzsystem, 24-Ventil-Technik und dem Power Management System. Die Normleistung ist mit 213 PS angegeben, die unter Umständen auf 225 PS gesteigert werden kann. Das XtraSpeed-Powershift-Getriebe hat vier Gruppen mit jeweils acht Gangstufen und kann auf Wunsch auch mit entsprechenden Kriechgeschwindigkeiten auf 48/40-Gänge erweitert werden. Ein Kraftstofftank von 350 l Inhalt versorgt den Großschlepper einen Arbeitstag lang mit Diesel. Das maximale Hubvermögen der als Zugpendel ausgebildeten Heckhydraulik beträgt 10.950 kg. Die große Rundumsicht-Deluxe-Kabine ist mit Klimaanlage, luftgefedertem Fahrersitz und zahlreichen weiteren Einrichtungen versehen, die dem Schlepperfahrer die Arbeit erleichtern.

Bauzeit	1999–2002
Motor-Bauart	Sechszylinder/Reihe
Hubraum in ccm	8300
Leistung (PS/min)	224/2000
Leergewicht in kg	11.092
Antriebsart	Allrad
Getriebe	18/4

Case IH-Diesel-Allradschlepper MX Magnum 220

Die Großtraktoren der Magnum-MX-Schlepperreihe von Case IH, wurden seit 1999 im Werke Racine/USA in Serie gefertigt. Es handelte sich um die fünf Modelle MX 180 mit 182 PS, MX 200 mit 204 PS, MX 220 mit 224 PS, MX 240 mit 246 PS sowie MX 270 mit 279 PS Nennleistung. In Wirklichkeit lag die Maximalleistung unter Einsatz des Power Management-Systems höher und deckte den Bereich von 204 bis 306 PS ab. Die mit der fortschrittlichen Technologie des Hochdruck-CommonRail-Einspritzsystems ausgerüsteten CDC-Motoren bestanden jeweils aus sechs Zylindereinheiten und waren – bis auf das Einstiegsmodell MX 180 – mit Turboaufladung und Ladeluftkühlung bestückt. Das vollautomatische Powershift-Getriebe hatte serienmäßig 18 Vorwärts- und vier Rückwärtsgänge, die den Geschwindigkeitsbereich von 3,1 bis 36 km/h umfassten. Auf Wunsch und gegen Aufpreis konnte dieses Getriebe um eine Kriechganggruppe zu einem 24/6-Gang erweitert werden.

Bauzeit	1997–2000
Motor-Bauart	Sechszylinder/Reihe
Hubraum in ccm	6870
Leistung (PS/min)	210/2250
Leergewicht in kg	8750
Antriebsart	Allrad
Getriebe	stufenlos

Fendt-Diesel-Allradschlepper Favorit 920 Vario

Das von den Fendt-Werken entwickelte stufenlose Vario-Getriebe wurde 1995 erstmals mit dem Modell Favorit 926 Vario einem breiten Publikum vorgestellt. Es war aber nicht nur die neue Getriebetechnik, die Aufsehen erregte, sondern ebenso der Schlepper selbst, mit dem der Hersteller in neue Leistungsgefilde vorstieß. Den Antrieb besorgte ein von MAN dazugekaufter Sechszylinder-Direkteinspritz-Diesel, ausgerüstet mit Turboaufladung und Ladeluftkühlung. Bald wurde die von der Fachwelt hochgelobte und mehrfach ausgezeichnete Vario-Reihe zügig ausgebaut. 1997 folgte das Modell Favorit 920 Vario, dessen Antriebsaggregat zunächst 200 PS, ab 1999 gar 210 PS zur Verfügung stellte. Neben der hohen Motorleistung und dem neuartigen Getriebe traten die Fahrzeuge dieser Reihe auch durch einen weiter angehobenen Bedienungskomfort hervor. Auch das elektronische Fendt-Regelhubwerk konnte sich mit einem Hubvermögen von 9180 kg sehen lassen und schwerste Anbaugeräte bewältigen.

Bauzeit	2002–2007
Motor-Bauart	Sechszylinder/Reihe
Hubraum in ccm	7480
Leistung (PS/min)	194/2200
Leergewicht in kg	7924
Antriebsart	Allrad
Getriebe	17/6

New Holland-Diesel-Allradschlepper TM 190

Die aus einer Palette von sechs Modellen bestehende TM-Schlepperreihe des Herstellers New Holland wurde im Jahr 2002 vorgestellt. Die dunkelblau lackierten Fahrzeuge wurden im Werk Basildon in England montiert und deckten den Leistungsbereich von 124 bis 194 PS ab, wobei das Modell TM 190 das stärkste war. Diese kraftvollen Traktoren wurden von volumenstarken PowerStar Sechszylinder-Turbodieselmotoren mit Ladeluftkühlung angetrieben. Das für 40 km/h Maximalgeschwindigkeit ausgelegte DualCommand-Getriebe besaß in der Grundausrüstung 18/6 Gänge. Optional gab es mit Kriechgängen ausgestattete Bauausführungen: entweder ein 24/12- oder ein sogar noch wesentlich feiner abgestuftes 48/24-Getriebe gegen Aufpreis. Daneben gab es das RangeCommand und PowerCommand-Getriebe mit Teillast- respektive Volllastschaltbereich, teilweise gar bis 50 km/h Höchstgeschwindigkeit. Mit dem installierten Motor-Management-System war das Antriebsaggregat in der Lage, eine Spitzenleistung von 240 PS zur Verfügung zu stellen.

Bauzeit	1993–1995
Motor-Bauart	Sechszylinder/Reihe
Hubraum in ccm	7400
Leistung (PS/min)	193/2200
Leergewicht in kg	6300
Antriebsart	Allrad
Getriebe	32/32

Steyr-Diesel-Allradschlepper 9190

Die Oberklasse der Steyr-Traktoren wurde von der 9100er-Reihe abgedeckt, deren erste Generation 1993 auf den Markt kam. Die Modelle 9155, 9170 und 9190 waren das Ergebnis der Zusammenarbeit mehrerer Hersteller, die zur Minimierung und Verteilung der immer höheren Entwicklungskosten nötig wurde. So steuerten die Firmen Massey Ferguson, Valmet und Steyr die hauptsächlichen Baukomponenten bei. Die Sechszylinder-Direkteinspritzmotoren waren mit Turboaufladung und Ladeluftkühlung ausgerüstet und kamen von der Firma Valmet, einem bis 1999 im Bereich der Metallverarbeitung tätigen staatseigenen finnischen Konzern. Das Wendegetriebe hatte 32/32 Gangstufen. Die Höchstgeschwindigkeit betrug 40 km/h. Die Heckhydraulik wartete mit einem Hubvermögen von 7800 kg auf. 1995 ersetzten drei neue, in Details verbesserte 9100er-Schlepper die bisherigen Modelle.

Bauzeit	1993–2002
Motor-Bauart	Sechszylinder/Reihe
Hubraum in ccm	6871
Leistung (PS/min)	190/2200
Leergewicht in kg	7680
Antriebsart	Allrad
Getriebe	44/44

Fendt-Diesel-Allradschlepper Favorit 818 LSE

Mit dem 1993 gestarteten Bau der Favorit 800-Modellreihe machten die Fendt-Werke den Einstieg in die Königsklasse der europäischen Großtraktoren. Mit dem Einbau von turboaufgeladenen Sechszylinder-Direkteinspritz-Motoren der MAN-Werke, die hinsichtlich Leistung, Kraftstoffverbrauch, Durchzugsvermögen und Abgaswerten deutlich besser als die bisher verwendeten MWM-Motoren abschnitten, beschritt Fendt neue Wege. Die vier Fahrzeuge der neuen Reihe – der 816 mit 170 PS, der 818 mit 190 PS, der 822 mit 210 PS und der 824 als das stärkste Modell mit 230 PS, waren speziell auf die gestiegenen Anforderungen der modernen großflächigen Landwirtschaft und der Lohnunternehmer im europäischen Raum ausgelegt. Zugleich waren es die weltweit ersten Großtraktoren mit Turboshift, hydropneumatischer Kabinen- und Vorderachsfederung und 50 km/h Höchstgeschwindigkeit. Das neue Antriebskonzept mit ölhydraulischer Turbokupplung und 44/44-gängigem Wendegetriebe ermöglichte den völlig ruckfreien und weichen Gangwechsel in beiden Fahrtrichtungen. Das Modell 818 kostete in der Grundausstattung 216.020 Mark und verkaufte sich insgesamt 1528 Mal.

Bauzeit	2003–2006
Motor-Bauart	Sechszylinder/Reihe
Hubraum in ccm	8100
Leistung (PS/min)	185/2100
Leergewicht in kg	7815
Antriebsart	Allrad
Getriebe	16/16 oder 20/20

John Deere-Diesel-Allradschlepper 7820

Drei kraftvolle Schleppermodelle mit Motorleistungen von 185 bis 215 PS bildeten die 2003 von Deere & Company in Waterloo/USA vorgestellte Großtraktorenreihe 7020. Es handelte sich um die Weiterentwicklung der 7010-Serie, bei der verschiedene grundlegende Verbesserungen vorgenommen worden waren. Die wichtigste Neuerung war der PowrTech-Sechszylinder-Reihenmotor mit Common Rail-Kraftstoffeinspritzung und Vierventiltechnik, der nun die aktuellen Abgasrichtlinien erfüllte. Abgasturbolader und Ladeluftkühlung waren praktisch längst obligatorisch. Ein 16/16-Gang PowrQuad oder die 20/20-gängige AutoQuad-Getriebeausführung ermöglichten Geschwindigkeiten bis zu 50 km/h. Erwähnenswert ist auch die sehr komfortabel ausgestattete CommandView-Kabine, in der ein Active Seat genannter Fahrersitz mit Memory-Funktionen eingebaut ist.

Bauzeit	2000–2003
Motor-Bauart	Sechszylinder/Reihe
Hubraum in ccm	6650
Leistung (PS/min)	170/2300
Leergewicht in kg	9800
Antriebsart	Allrad
Getriebe	stufenlos

Case IH-Diesel-Allradschlepper CVX 170

Die im Jahr 2000 vorgestellten CVX-Allradtraktoren von Case IH leisteten zwischen 140 und 190 PS. Damit repräsentierten sie den im Schleppermarkt von den Herstellern stark umworbenen und nachgefragten Bereich der oberen Mittelklasse. Die einzelnen Modelle waren bereits für 50 km/h Höchstgeschwindigkeit ausgelegt und verfügten über stufenlose Getriebetechnik. Das Modell CVX 170 war das zweitstärkste Fahrzeug der Reihe mit emissionsarmen Sechszylinder-Direkteinspritz-Turbodieselmotoren mit Ladeluftkühlung des finnischen Herstellers Sisu. Es waren sehr fortschrittliche Antriebsaggregate, die sich durch geringen Kraftstoffverbrauch und überdurchschnittlich hohes Drehmoment ausgezeichneten. Die Fahrzeuge verfügten über eine mit 9800 kg Hubvermögen sehr leistungsstarke Heckhydraulik und nebenher über eine sehr komfortable, geräuschgedämpfte Kabine mit guter Rundumsicht.

Bauzeit	1993–1999
Motor-Bauart	Sechszylinder/Reihe
Hubraum in ccm	7480
Leistung (PS/min)	170/2100
Leergewicht in kg	3950
Antriebsart	Allrad
Getriebe	18/9

New Holland-Diesel-Allradschlepper 8670

Die seit 2003 von New Holland angebotene 8070er-Traktorenfamilie bestand aus vier Modellen: der 8670 mit 170 PS, der 8770 mit 190 PS, der 8870 mit 210 PS sowie das Spitzenmodell 8970 mit 240 PS Nennleistung. Die Maximalleistung unter Einschaltung des Power-Management-Systems lag deutlich höher und im Bereich von 172 bis 260 PS. Es waren kraftvolle, in Halbrahmenbauweise konstruierte Traktoren für den oberen Leistungsbereich. Den Antrieb übernahmen volumenstarke wassergekühlte PowerStar-Sechszylinder-Turbodiesel mit Ladeluftkühlung. Das für 40 km/h ausgelegte Powershift-Getriebe mit 18/9-Gangstufen wurde mit einer elektrohydraulisch gesteuerten, nassen Lamellenkupplung für jede Schaltgruppe betätigt. Auf Wunsch war eine Getriebevariante mit zusätzlichen Kriechgängen erhältlich. Mit 9140 mm unter Einschaltung der Lenkbremsen erwies sich der 8670 als ziemlich wendig. Der Tankinhalt von 416 Liter reichte aus, um den Kraftstoffbedarf eines ganzen Arbeitstages zu decken.

Bauzeit	1997–2001
Motor-Bauart	Sechszylinder/Reihe
Hubraum in ccm	6800
Leistung (PS/min)	152/2100
Leergewicht in kg	9995
Antriebsart	Allrad
Getriebe	18/7 oder 24/24

John Deere-Diesel-Allradschlepper 6910 S

Das John Deere-Traktorenprogramm aus Waterloo wurde 1997 erneuert. Die 7010-Reihe löste die 7000er-Serie ab, ohne dass es allerdings zu großen technischen Änderungen kam. Die Maschinen waren ausgereift, robust und von sehr solider Fertigungsqualität, Daher bedurften sie lediglich einiger Verbesserungen, die im Rahmen der Modellpflege eingeführt wurden. Das Leistungsspektrum reichte nach wie vor von 110 PS beim John Deere 7210 bis zu den 170 PS des Modells 7810. Somit rangierte die 7010er Klasse an der Grenze von oberer Mittelklasse zu Oberklasse. Schlepper dieser Größenordnung sind sehr beliebt. Bei den Motoren handelte es sich durchweg um wassergekühlte Sechszylinder-Direkteinspritz-Diesel mit Turboaufladung und Ladeluftkühlung. Für das 50 km/h schnelle Modell 6910 S gab es das PowrQuad-Wendegetriebe mit vorwärts wie rückwärts 24 Gängen sowie das PowrShift respektive das Auto-Powr-Getriebe mit 18/7 Gangstufen.

Bauzeit	1998–2004
Motor-Bauart	Sechszylinder/Reihe
Hubraum in ccm	6000
Leistung (PS/min)	150/2350
Leergewicht in kg	6100
Antriebsart	Allrad
Getriebe	18/18

Same-Diesel-Allradschlepper Rubin 150

Bereits zur oberen Leistungsklasse zählten die Traktormodelle der Same-Rubin-Reihe. Same stellte die neue Schlepperreihe im Herbst 1998 vor. Mit ihrer runden Form und der nach vorn abfallenden Motorhaube boten sie das Bild hochmoderner Traktoren. Ein wenig futuristisch und ungewöhnlich war die Fahrerkabine gestaltet. Sie war vorn bis zum Boden verglast, sodass der Schlepperfahrer direkt auf die Vorderräder blicken konnte. Rechts vom Fahrer fanden sich das Schaltpult, der Multifunktionshebel und weitere Bedienelemente. Die Baureihe setzte sich aus den drei Rubin-Modellen 120, 135 und 150 zusammen, die sämtlich von wassergekühlten Sechszylinder-Dieselmotoren mit direkter Kraftstoffeinspritzung, Turboaufladung, Ladeluftkühlung und elektronischer Steuerung ausgestattet waren. Alle Fahrzeuge waren nur mit Vierradantrieb lieferbar. Es standen mehrere Getriebevarianten zur Verfügung, wobei am häufigsten das 18/18-Gang-Wendegetriebe verlangt wurde. Mit dem leistungsfähigen Hubwerk von 7000 kg ließen sich auch Gerätekombinationen bewältigen.

Bauzeit	1993–1999
Motor-Bauart	Sechszylinder/Reihe
Hubraum in ccm	6234
Leistung (PS/min)	140/2300
Leergewicht in kg	5540
Antriebsart	Allrad
Getriebe	24/24

Fendt-Diesel-Allradschlepper Favorit 514 C

Bei der im Herbst 1993 vorgestellten 500 C-Traktorreihe von Fendt handelte es sich um drei allradgetriebene Kompakttraktoren im Leistungsbereich von 95 bis 140 PS. Das mit niveauregulierter Vorderachsfederung ausgerüstete Modell 514 C war das stärkste Fahrzeug der Serie. Der Sechszylinder-MWM-Turbodiesel war mit einer neuen Verteiler-Einspritzpumpe ausgestattet. Neu war auch das von Fendt konstruierte Turboshift-Wendegetriebe, das modernste Turbokupplungstechnik mit den Vorteilen eines Lastschaltgetriebes vereinte. Dies umfasste jeweils 24 Vor- und Rückwärtsgänge sowie auf Wunsch 20 zusätzliche Kriechgangstufen für Vor- und Rückwärtsfahrt. Die Gänge wurden wie beim Auto mit nur einem Schalthebel, die vier Lastschaltstufen per Daumenklick gewechselt. Die Lenkung war hydrostatisch. Die Höchstgeschwindigkeit betrug wahlweise 40 oder 50 km/h. Ein Bordcomputer ermittelte die bearbeiteten Flächen und gefahrenen Strecken, sodass der Schlepperfahrer alles im Griff hatte.

Bauzeit	1998–2003
Motor-Bauart	Sechszylinder/Reihe
Hubraum in ccm	5703
Leistung (PS/min)	140/2100
Leergewicht in kg	5750
Antriebsart	Allrad
Getriebe	stufenlos

Fendt-Diesel-Allradschlepper Favorit 714 Vario

Mit dem Serienstart der zukunftsweisenden Favorit-Vario-Schlepperreihe konnte Fendt die Position des Marktführers und die Führung in der Traktorentechnologie eindrucksvoll festigen. Es waren die ersten Großschlepper der Welt mit einem unter Last stufenlos schaltenden Vario-Getriebe. Besaßen die Vario-Modelle anfangs noch das kantige Haubenprofil, so erhielten die ab 1998 gefertigten Fahrzeuge das neue Fendt-Design. Unter den schwungvoll gezeichneten runden Linien kam neueste Technologie zum Einsatz, etwa ein Gussrahmen mit neukonstruiertem Vorderachsfederungssystem sowie neue elektromagnetische Hydraulikventile. Der Vario 714 erhielt einen wassergekühlten Sechszylinder-Viertakt-Vierventil-Direkteinspritz-Dieselmotor mit Turboaufladung. Auch die Kabine hatte man nicht vergessen und mit einer Fülle neuer Möglichkeiten übersichtlich, aufgeräumt und funktionell gestaltet.

Bauzeit	seit 2008
Motor-Bauart	Sechszylinder/Reihe
Hubraum in ccm	6000
Leistung (PS/min)	126/2200
Leergewicht in kg	5831
Antriebsart	Allrad
Getriebe	16/12 oder 32/24

McCormick-Diesel-Allradschlepper MC 135 Power 6

McCormicks MC-Reihe existiert bereits seit 2002. Im Jahr 2008 kamen die beiden neuen Allradschlepper MC 120 und MC 135 Power 6 als Ergänzung der beliebten Schlepperbaureihe hinzu. Sie rundeten das Programm nach oben ab und erfüllen die aktuellen Wünsche der Kundschaft an die gehobenen Mittelklasse. Der wassergekühlte Sechszylinder-Perkins-Dieselmotor des Baumusters 1106 hat Turbolader und Ladeluftkühlung. Die großvolumigen, drehmomentstarken Motoren besaßen eine elektronische Steuerung und entsprachen damit dem allerneuesten technischen Entwicklungsstand. Das Standardgetriebe war mit 16/12-Schaltstufen ausgestattet. Mit zusätzlichen Kriechgeschwindigkeiten gab es auch eine 32/24-Gang-Variante.

Bauzeit	1993–1999
Motor-Bauart	Sechszylinder/Reihe
Hubraum in ccm	6234
Leistung (PS/min)	125/2300
Leergewicht in kg	5410
Antriebsart	Allrad
Getriebe	24/24

Fendt-Diesel-Allradschlepper Favorit 512 C

Zwischen 1993 und 2000 fand sich die Fendt-Modellreihe Favorit 500 C in den Verkaufslisten. Die Technik dieser Traktoren entsprach weitgehend dem Stand der gleichzeitig vorgestellten Großtraktoren Favorit 800. Die Vier- oder Sechszylinder-Turbodieselmotoren waren von MWM zugekauft. Mit der Kompakttraktorenbaureihe deckte Fendt den Leistungsbereich von 95 bis 140 PS ab. 11.549 Einheiten wurden verkauft, wobei das zweitstärkste Fahrzeug, der Favorit 512 C, mit 4542 Exemplaren die Spitzenstellung einnahm. Das wahlweise in 40- oder 50 km/h-Ausführung erhältliche Turboshift-Getriebe hatte serienmäßig 24/24 Gangstufen, die als Wendegetriebe vorwärts wie rückwärts zur Verfügung standen. Auf Wunsch ließ sich das Getriebe mit jeweils 20 Kriechgeschwindigkeiten auf 44/44-Gänge aufrüsten. Lieferant der Turbokupplungen war die Firma Voith in Heidenheim. Ein mit 6895 kg sehr leistungsstarker EHR-Regelkraftheber, eine Motorzapfwelle mit vier Geschwindigkeiten sowie auf Wunsch eine Frontzapfwelle standen zur Verfügung.

Bauzeit	seit 1998
Motor-Bauart	Vierzylinder/Reihe
Hubraum in ccm	4397
Leistung (PS/min)	120/2200
Leergewicht in kg	4720
Antriebsart	Allrad
Getriebe	36/36

Valtra-Valmet-Diesel-Allradschlepper 6850 HiTech

Valtra-Valmet ist ein finnischer Traktorhersteller, der besonders robuste Schlepper für die Land- und Forstwirtschaft baut. 1994 wurde der Marktführer in Skandinavien in den Sisu-Konzern eingebunden. Seit 2004 gehört der zur global agierenden AGCO-Gruppe. Im Herbst 1998 wurde die Valtra-Valmet-Serie HiTech 6000 vorgestellt. Der Zusatz „HiTech" sollte auf die moderne Elektronik hinweisen. Die Serie bestand ursprünglich aus den Modellen 6550 mit 100 PS, 6650 mit 110 PS und 6850 mit 120 PS Höchstleistung. Alle drei hatten wassergekühlte Vierzylinder-Delta-Power-Shift-Dieselaggregate mit Turboaufladung, wobei das Spitzenmodell 6850 zudem über Ladeluftkühlung verfügte. Das als Teillastschaltgetriebe ausgeführte 36/36-Gang-Wendegetriebe war in drei Schaltgruppen unterteilt und für eine Geschwindigkeit von 40 km/h eingerichtet. Das sehr kompakte Fahrzeug hatte ein zulässiges Gesamtgewicht von 9000 kg und unter Verwendung der Lenkbremsen einen Wendekreis von 10,30 Metern.

Bauzeit	2003–2009
Motor-Bauart	Sechszylinder/Reihe
Hubraum in ccm	6728
Leistung (PS/min)	116/2200
Leergewicht in kg	5350
Antriebsart	Allrad
Getriebe	16/16, 17/16, 24/24 oder 48/48

Steyr-Diesel-Allradschlepper Profi 6115

Nach der Fusion von Case IH mit New Holland wurde aus der Case Steyr Landmaschinentechnik das Tochterunternehmen CNH Österreich GmbH. Das Fertigungswerk in Sankt Valentin stellte weiter Traktoren für die Marken Steyr und Case IH und nun auch gelegentlich für New Holland her. 2003 ging die als Profi-Reihe bekannt gewordene neue Mittelklasse-Traktorenserie an den Start. Sie bestand aus den folgenden fünf Modellen: 4100 Profi mit 101 PS, 4115 Profi mit 116 PS, 6115 Profi mit 116 PS – im Gegensatz zum 4115 aber mit Sechszylindermotor ausgerüstet, 6125 Profi mit 126 PS und 6135 Profi mit 136 PS. Der Slogan der Steyr-Werbung lautete „Stärke durch Intelligenz", eine Anspielung auf die elektronische Ausstattung der Fahrzeuge, die das Arbeiten mit den Profi-Modellen einfacher und produktiver machen sollte. Die Profi-Reihe gab es bei Case IH mit einer etwas anderen Ausstattung unter dem Namen Maxxum. Die technisch nahezu baugleichen Schlepper hießen MXU 100, MXU 110, MXU 115, MXU 125 und MXU 135.

Bauzeit	1995–1999
Motor-Bauart	Sechszylinder/Reihe
Hubraum in ccm	5987
Leistung (PS/min)	110/2200
Leergewicht in kg	4655
Antriebsart	Allrad
Getriebe	32/32

Massey Ferguson-Diesel-Allradschlepper MF 6170

Im Frühjahr 1995 stellte Massey Ferguson die neue 6100-Typenserie als Nachfolgerin der bekannten, bereits acht Jahre am Markt befindlichen 3600-Schlepperreihe vor. Die Serie bestand aus neun Modellen zwischen 71 und 130 PS, die im Werk Beauvais gefertigt wurden. Es waren kompakte Mittelklasseschlepper, deren Antrieb Vier- oder Sechszylinder-Perkins-Direkteinspritz-Dieselmotoren übernahmen. Die ersten sieben Fahrzeugtypen mit bis zu 110 PS gab es wahlweise in Hinterrad- oder Allradausführung, während die 120 und 130 PS starken Spitzenmodelle nur mit Vierradantrieb erhältlich waren. Sämtliche Schleppertypen waren mit komfortablen Kabinen ausgestattet, wobei die Annehmlichkeiten mit Größe und Motorleistung zunahmen. Die kleineren Modelle hatten 16/16-Gang-Getriebe; die größeren Fahrzeuge, wozu auch der MF 6170 zählte, 32/32-Gang-Wendegetriebe. Die Höchstgeschwindigkeit betrug bei allen Modellen 40 km/h.

Bauzeit	1999–2004
Motor-Bauart	Vierzylinder/Reihe
Hubraum in ccm	3800
Leistung (PS/min)	86/2100
Leergewicht in kg	5070
Antriebsart	Allrad
Getriebe	stufenlos

Fendt-Diesel-Allradschlepper Farmer 409 Vario

Seit 1999 gibt es die Fendt-Traktoren der Farmer 400 Vario-Reihe. Es handelte sich um die drei Modelle Farmer 409 mit 86 PS, 410 mit 100 PS und 411 mit 110 PS. Diese kompakten Fahrzeuge wiesen eine Vielzahl höchst innovativer technischer Lösungen auf, die jetzt auch in der Mittelklasse zum Tragen kamen. Da war einmal die als „Variotronic" bezeichnete stufenlose Vario-Antriebstechnik, Vierventiltechnik bei den mit Turboaufladung konstruierten Deutz-Motoren, 50 km/h-Fahrwerk und ein solides Halbrahmenkonzept. Zum Serienstart besaßen die Modelle noch das kantige Haubenprofil, das nach den Sommerferien 2000 dem abgerundeten Design der 900er-Vario-Reihe angepasst wurde. Neu war auch die elektronische Motorregelung EMR in Verbindung mit elektronischem Handgas. Die von ZF zugekaufte angetriebene Vorderachse war als Pendelplaneten-Lenkachse des Baumusters APL 2000 F3 ausgeführt. Sehr leistungsfähig war auch die Hydraulik, die bei einem Betriebsdruck von 200 bar über 6440 kg Hubvermögen verfügte.

Bauzeit	1994–2003
Motor-Bauart	Vierzylinder/Reihe
Hubraum in ccm	4200
Leistung (PS/min)	78/2300
Leergewicht in kg	3950
Antriebsart	Allrad
Getriebe	16/8

Steyr-Diesel-Allradschlepper M 9078

Die aus vier Modellen bestehende 9000-Schlepperreihe der Steyr Landmaschinentechnik GmbH in Sankt Valentin wurde seit 1994 hergestellt und blieb – bis auf das nur bis 1995 angebotene Modell 9083 – bis 2003 im Verkaufsprogramm. Diese Fahrzeuge waren als Ergänzung des oberen Leistungsbereichs der zwei Jahre zuvor herausgebrachten Mittelklassetypen der Serie 900 vorgesehen. Alle 9000er-Modelle wurden von wassergekühlten Vierzylinder-Direkteinspritz-Dieselmotoren der Motoren-Werke Mannheim (MWM) oder von einem adäquaten Sisu-Antriebsaggregat mit Turboaufladung angetrieben. Zum werksseitig vorhandenen Mindestlieferumfang gehörte ein vollsynchronisiertes Wendegetriebe mit 16/8 Gangstufen. Auf Wunsch konnte auch ein Wendegetriebe mit 16/16 Gängen oder eine Kriechgangvariante mit 32/16 Gängen installiert werden. Die Maximalgeschwindigkeit betrug – je nach Ausführung – 30 oder 40 km/h. Mit 4900 kg Hubkraft waren diese Modelle mit einer sehr leistungsfähigen Regelhydraulik ausgerüstet.

HORSCH

Weitere Bücher zum Thema

176 Seiten, ca. 200 Abb.,
245 x 290 mm, gebunden mit Schutzumschlag
ISBN 978-3-86852-311-9
statt EUR 29,90
nur EUR 14,99

176 Seiten, ca. 250 Abb.,
245 x 290 mm, gebunden mit Schutzumschlag
ISBN 978-3-86852-095-8
statt EUR 29,90
nur EUR 14,99

112 Seiten, ca. 120 farbige Abb.,
130 x 195 mm, gebunden mit Schutzumschlag
ISBN 978-3-86852-205-1
statt EUR 12,95
nur EUR 6,99

256 Seiten, ca. 500 größtenteils farbige Abb., 215 x 270 mm, gebunden
ISBN 978-3-86852-280-8
EUR 9,95

192 Seiten, ca. 500 Abb.,
218 x 302 mm, gebunden
ISBN 978-3-86852-310-2
EUR 19,95

200 Seiten, ca. 360 größtenteils farbige Abb., 218 x 302 mm, gebunden
ISBN 978-3-86852-169-6
EUR 19,95

1397 Seiten, 2074 Abb.,
190 x 260 mm, gebunden
ISBN 978-3-89880-498-1
EUR 49,90

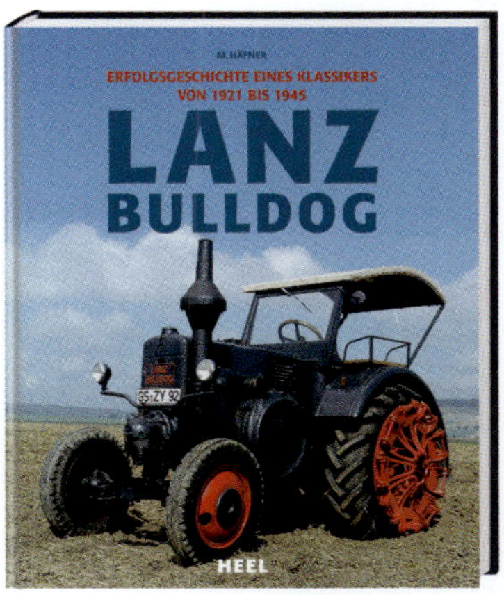

160 Seiten, ca. 200 teils farbige Abb.,
245 x 290 mm, gebunden mit Schutzumschlag
ISBN 978-3-89880-564-3
EUR 19,95

276 Seiten, ca. 450 farbige Abb.,
235 x 315 mm, gebunden
ISBN 978-3-86852-074-3
EUR 14,95

192 Seiten, ca. 310 meist farbige Abb., 215 x 270 mm, gebunden
ISBN 978-3-86852-180-1
EUR 14,95

176 Seiten, ca. 250 Abb., 215 x 275 mm, gebunden
ISBN 978-3-89880-902-3
EUR 19,95

52 farbig gestaltet Spielkarten in einer stabilen Box
ISBN 978-3-86852-276-1
EUR 9,99

176 Seiten, ca. 200 meist farbige Abb., 210 x 297 mm, gebunden
ISBN 978-3-86852-212-9
EUR 9,95

192 Seiten, ca. 200 teils farbige Abb., 310 x 242 mm, gebunden
ISBN 978-3-86852-045-3
EUR 35,–

ca. 200 Seiten, ca. 300 Abb., 218 x 275 mm, gebunden
ISBN 978-3-86852-643-1
EUR 24,99

ca. 360 Seiten, ca. 1.020 farb. Abb., 210 x 297 mm, Paperback
ISBN 978-3-86852-515-1
EUR 14,99

84 Seiten, ca. 150 Abb., 190 x 260 mm, gebunden
ISBN 978-3-86852-281-5
EUR 9,95

256 Seiten, ca. 300 meist farb. Abb., 215 x 270 mm, gebunden
ISBN 978-3-86852-381-2
EUR 9, 95

Tel.: 0531 708600 | Fax: 0531 708601 | www.heel-verlag.de

LEMKEN
LEMKEN